纺织碳达峰碳中和科技创新出版工程

杭锦凹凸棒石黏土在
印染污水处理中的应用

刘正江　著

中国纺织出版社有限公司

内 容 提 要

本书以富储于内蒙古自治区鄂尔多斯市杭锦旗地区的杭锦凹凸棒石黏土为研究对象。主要内容有杭锦凹凸棒石黏土的结构和性质分析；酸改性杭锦凹凸棒石黏土催化剂和 TiO_2/杭锦凹凸棒石黏土催化的制备及两种催化剂结构和性质的表征分析；光催化氧化和非均相类 Fenton 反应中两种催化剂对印染污水中有机物的降解能力及反应机理分析。本书旨在为杭锦凹凸棒石黏土的研究和应用提供一定的理论指导，帮助读者系统了解杭锦凹凸棒石黏土，掌握杭锦凹凸棒石黏土的基本性质和常用的改性方法，为其在印染污水处理领域的应用研究奠定一定的理论基础。

本书可供从事印染污水处理研究的科研人员、企业工程技术人员及相关专业的师生参考。

图书在版编目（CIP）数据

杭锦凹凸棒石黏土在印染污水处理中的应用／刘正江著．-- 北京：中国纺织出版社有限公司，2022.10
ISBN 978-7-5180-9791-3

Ⅰ.①杭… Ⅱ.①刘… Ⅲ.①坡缕石—应用—印染工业—污水处理 Ⅳ.①X791

中国版本图书馆 CIP 数据核字（2022）第 151432 号

责任编辑：朱利锋　　特约编辑：符　芬
责任校对：李泽巾　　责任印制：王艳丽

中国纺织出版社有限公司出版发行
地址：北京市朝阳区百子湾东里 A407 号楼　邮政编码：100124
销售电话：010—67004422　传真：010—87155801
http://www.c-textilep.com
中国纺织出版社天猫旗舰店
官方微博 http://weibo.com/2119887771
三河市宏盛印务有限公司印刷　　各地新华书店经销
2022 年 10 月第 1 版第 1 次印刷
开本：710×1000　1/16　印张：9
字数：126 千字　定价：72.00 元

前　言

印染污水是水体主要污染源之一，具有毒性强、色度大和可生化性差等特点，当前主要采取物理法、化学法和生物氧化法等对其进行处理。有研究表明，天然凹凸棒石黏土矿物具有良好的环境属性，使用相对简单的工艺对其进行处理后即可有效去除印染污水中的有机物，且天然凹凸棒石黏土矿物有储量丰富、价格低廉等优点，在污水处理领域具有非常广阔的应用前景。

杭锦凹凸棒石黏土是内蒙古自治区鄂尔多斯市杭锦旗地区储量丰富的含铁天然矿物，含铁量约 1.64%（铁元素以 Fe_2O_3 形式存在），主要结构单元为两层硅氧四面体中间夹一层铝氧八面体组成的 2∶1 型层状结构，结构单元在水平方向重复延伸，垂直方向不断重叠。杭锦凹凸棒石黏土晶格间存在一定的异价类质同象置换，硅氧四面体中的 Si^{4+} 可被 Al^{3+} 置换，铝氧八面体中的 Al^{3+} 可被 Mg^{2+}、Fe^{2+} 等低价阳离子置换，使其晶体层间产生负电荷中心。为保持表面的电中性，晶层间会吸附 Na^+、K^+、Mg^{2+} 和 Ca^{2+} 等大半径的阳离子形成水合阳离子，为质子酸的形成提供有利条件；同时，杭锦凹凸棒石黏土的负电荷中心使其具有一定的离子交换容量。上述结构特点使杭锦凹凸棒石黏土具有阳离子交换、亲水、分散和稳定等特性，在污水处理领域极具应用潜力。

本专著在系统概述杭锦凹凸棒石黏土基本结构和性质的基础上，对杭锦凹凸棒石黏土在光催化氧化和非均相类 Fenton 反应中对水中污染物的降解性能和反应机理进行了分析；此外，还介绍了酸改性杭锦凹凸棒石黏土和 TiO_2/杭锦凹凸棒石黏土催化剂的制备方法，研究分析了两种催化剂在光催化氧化和非均相类 Fenton 反应中对水中有机污染物的降解性能和反应机理。旨在为杭锦凹凸棒石黏土的研究和应用提供一定的理论指导，为从事相关研究的科研人员和企业工程技术人员提供参考。

特别感谢导师张前程教授，在著作的撰写过程中提供了大力支持和帮助。且著作中部分研究内容是站在他的研究成果这个"巨人的肩膀上"完成的。感谢内蒙古工业大学博士科研启动基金（BS201943）和内蒙古自治区自然科学基金（2021BS02017）的资助。

由于作者水平和知识面有限，书中难免存在不妥之处，恳请读者批评指正。

刘正江

2022 年 6 月

目　录

第1章

杭锦凹凸棒石黏土概述

  杭锦凹凸棒石黏土，是陆相湖沉积形成的一种富含轻稀土元素的含凹凸棒石、伊利石和斜绿泥石的混合型黏土矿，矿区形貌如图1-1所示。杭锦凹凸棒石黏土富储于内蒙古自治区鄂尔多斯市杭锦旗巴拉贡镇巴音恩格尔丘陵地带西北缘，当地也称其为巴音恩格尔红泥。杭锦旗巴音恩格尔地区，地形地貌起伏多变，矿产资源丰富，境内有砂砾层覆盖的盐湖相沉积泥岩、芒硝和石膏等，其中，泥岩有灰白色和砖红色两种，早期主要作为黏土矿物原料用于建筑陶瓷生产。按照陶瓷行业原材料以产地冠名的惯例，将较早开发利用的灰白色泥岩叫作杭锦1#土，将较晚开发利用的砖红色泥岩叫作杭锦2#土。

图1-1 杭锦凹凸棒石黏土矿区形貌

  为规范该矿物的称谓，按国际非金属黏土矿物命名惯例，黏土以主要矿物组分或主要开发利用成分为特征命名，杭锦旗恒益建工有限责任公司根据专家学者的建议，将杭锦2#土命名为"杭锦凹凸棒石黏土"，简称"杭锦凹土",部分人还习惯将其叫作"杭锦 2# 土"。1994~1995 年,杭锦旗恒益建工有限责任公司委托中国地质矿业内蒙古公司完成杭锦凹凸棒石黏土矿产资源地质普查与详查,普查面积 281km²,探明地质储量 3.7 亿吨,远景储量大于10 亿吨,详查面积 0.96km²,提交地质储量 625 万吨。杭锦凹凸棒石黏土矿石的自然形状为棕红色泥岩块,如图 1-2 所示。

图 1-2 杭锦凹凸棒石黏土自然形貌

杭锦凹凸棒石黏土主要矿物成分为坡缕石(21.2%~28.1%)、绿泥石(10.8%~12.1%)、伊利石(24.6%~35.4%)、方解石(12.1%~15.2%)、石英(11.6%~19.7%)、长石(10.3%~15.4%)、非晶态 Fe_2O_3(3%~6%)及稀土(0.016%~0.028%)等,其中稀土元素主要以离子吸附形式存在于黏土矿物之中,Fe_2O_3 是杭锦凹凸棒石黏土呈棕红色的主要原因。除以上主要矿物成分外,杭锦凹凸棒石黏土还含有部分可溶性盐,主要成分为 NaCl,其余为钙、钾和镁的可溶盐,也可能有碳酸盐或以氢化物的形式存在,但其含量极微。

杭锦凹凸棒石黏土的化学成分主要为 SiO_2、Al_2O_3、Fe_2O_3、FeO 和 MgO等,具体数据见表 1-1。杭锦凹凸棒石黏土中稀土含量较高,稀土元素主要以轻稀土为主,稀土氧化物总量在 158.96~224.14μg/g,平均 189.91μg/g。

稀土元素种类达 15 种，主要以离子吸附形式存在，pH 为 7~8，有机值 5%~8%，吸水率 96%。杭锦凹凸棒石黏土中稀土含量与样品的平均粒度息息相关，平均粒度越细，稀土含量越高。痕量元素分析结果是：Nb 13.4μg/g；Ta 1.09μg/g；Th 14.0μg/g；U 4.2μg/g，与区域正常场的克拉克值相符。杭锦凹凸棒石黏土的自然粒度较细，储存状态较好的矿体，粒径基本都小于 74μm（200 目），小于 2μm 的约占 40%，小于 5μm 的约占 70%。

表 1-1　杭锦凹凸棒石黏土化学成分分析结果

名　　称	SiO_2	Al_2O_3	Fe_2O_3	FeO	MgO	CaO
原土中含量/%	47.67	17.85	6.19	0.62	4.49	6.07
2μm 以下颗粒中含量/%	49.48	21.64	7.42	0.74	5.24	1.45
2μm 以上颗粒及活性白土中含量/%	70.60	18.78	2.40	—	2.34	0.12
名　　称	TiO_2	P_2O_5	MnO	Na_2O	K_2O	Total
原土中含量/%	0.62	0.17	0.13	0.69	4.04	100.38
2μm 以下颗粒中含量/%	0.71	0.16	0.11	0.78	4.98	98.82
2μm 以上颗粒及活性白土中含量/%	0.83	—	—	0.64	4.04	99.75

1.1　杭锦凹凸棒石黏土中的主要矿物成分

1.1.1　坡缕石

坡缕石（英文名 palygorskite，简称 Pal）又名凹凸棒石，是一种层链状结构的含水富镁铝硅酸盐黏土矿物，其晶体呈针状、纤维状或纤维集合状，在矿物学分类上隶属于海泡石族。最早由俄罗斯学者 Tsav tchenkov 在 1862 年于乌拉尔坡缕编斯克（Paly-gorsk）矿区发现，于是根据产地将其命名为坡缕石。

坡缕石理想分子式为 $Si_8Mg_5O_{20}(HO)_2(OH_2)_4 \cdot 4H_2O$，理论化学成分（质量分数）为：$SiO_2$ 56.96%，（Mg，Al，Fe）O 23.83%，H_2O 19.21%。坡缕石结构属 2∶1 型黏土矿物，晶体结构如图 1-3 所示，即两层硅氧四面体中间夹一层镁（铝）氧八面体，其中四面体与八面体排列方式既有链状结构，又有层状结构。在每个 2∶1 单位结构层中，四面体晶片角顶隔一定距离方向颠倒，形成层链状。在四面体条带间形成与链平行的通道，通道中充填沸石水和结晶水。坡缕石具有很大的比表面积和吸附能力，很好的流变性和催化性能，且有理想的胶体性能和耐热性能。

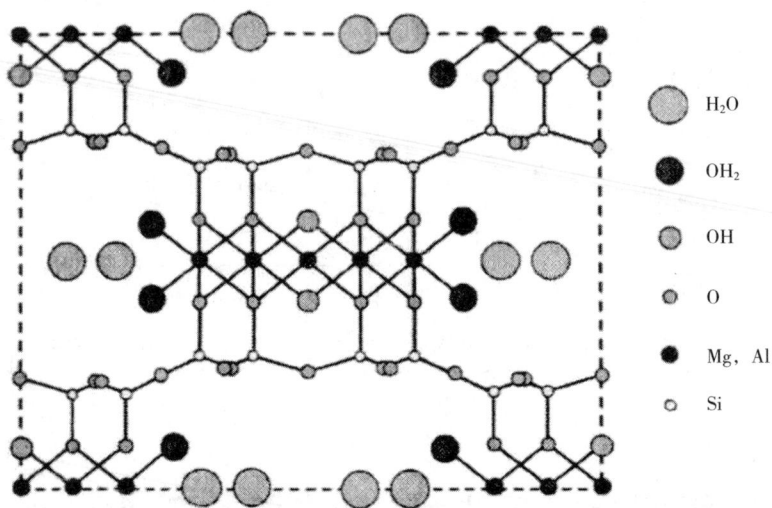

图 1-3　坡缕石晶体结构图，［001］面投影

坡缕石中最常见的混合矿物是蒙脱石、伊利石、绿泥石、石英、长石、碳酸盐、沸石、铁和二氧化硅等。根据其特性，坡缕石在石油化工、环境保护、食品加工、陶瓷、保温材料、塑料、橡胶等行业有着广泛应用，可用作钻井泥浆原料、吸附剂、脱色剂、净化剂、过滤剂、催化剂载体、稠化剂、悬浮液和乳化液的稳定剂等，还可用于填料、调节剂、干燥剂、玻璃珐琅、建筑隔音和隔热材料。

1.1.2　伊利石

　　伊利石是常见的一种黏土矿物，常由白云母、钾长石风化而成，并产于泥质岩中，或由其他矿物蚀变形成，是形成其他黏土矿物的中间过渡性矿物。伊利石理想分子式为 $K_{0.75}(Al_{1.75}R)[Si_{3.5}Al_{0.5}O_{10}](OH)_2$，式中 R 代表二价金属阳离子，主要为 Mg^{2+}、Fe^{2+} 等。伊利石是富含钾元素的层状结构硅酸盐，其结构属 2∶1 型黏土矿物，每个结构单元都是由两个硅氧四面体中间夹一个铝（镁）氧八面体构成，属于二八面体结构，各个结构单元在平面方向不断延伸，在垂直于平面方向不断重叠形成层状结构（图 1-4）。伊利石常为极细小的鳞片状晶体，透射电子显微镜下呈不规则的或带棱角的薄片状，有时也呈不完整的六边形和板条状形态。

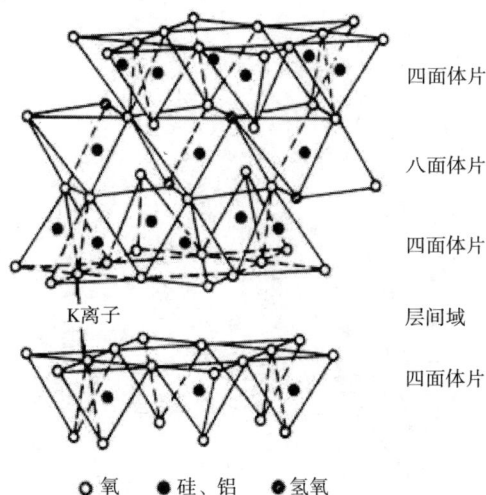

四面体片

八面体片

四面体片

K离子　　　层间域

四面体片

○ 氧　● 硅、铝　● 氢氧

图 1-4　伊利石晶体结构

　　纯伊利石黏土呈白色，但常因杂质而呈现黄、绿、褐等色。伊利石用途广泛，工业上可以用作新型陶瓷原料、耐高温汽缸的助熔剂和处理核废料的吸附剂，并可以作化妆品或塑料的填料，还可用于生产汽车外壳的喷镀材料及电焊条，纯度高的白色伊利石还可作为涂层用于造纸。

1.1.3　绿泥石

绿泥石（chlorite）是富含镁元素的黏土矿物，是一族层状结构的硅酸盐矿物的总称。自然界中，最常见的绿泥石晶体呈假六方片状或板状，属于单斜晶系，颜色由浅绿至深绿色，呈现玻璃光泽或珍珠光泽，透明至不透明。绿泥石结构属 2∶1∶1 型黏土矿物（图 1-5），每个结构单元都是由两个硅氧四面体中间夹一个镁（铁）氧八面体构成，结构单元层间还夹有一个镁（铝）氧八面体。其理想分子式为 $Y_3[Z_4O_{10}](OII)_2 \cdot Y_3(OH)_6$，化学式中 Y 主要代表 Mg^{2+}、Fe^{2+}、Al^{3+} 和 Fe^{3+} 等阳离子，Z 主要是 Si 和 Al，以及少量的 Fe^{3+} 和 B^{3+}。

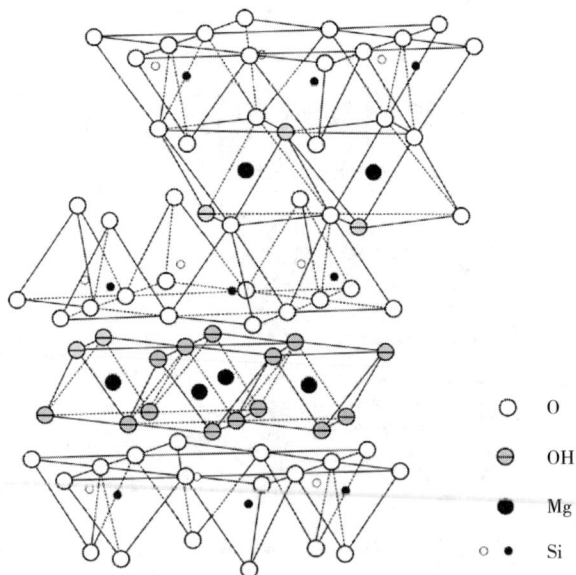

图 1-5　绿泥石矿物的晶体结构

1.1.4　石英

石英是由二氧化硅组成的矿物，半透明或不透明的晶体。一般呈乳白色，质地坚硬，莫氏硬度为 7，断面有玻璃或脂肪光泽，比重因晶型而异，变动于

2.22~2.65。石英和普通砂子、水晶的化学组成相同，均为二氧化硅。当二氧化硅结晶完美时就是水晶，二氧化硅胶化脱水后就是玛瑙，二氧化硅含水的胶体凝固后就成为蛋白石，二氧化硅晶粒小于几微米时，就组成玉髓、燧石、次生石英岩。

石英是一种物理性质和化学性质均十分稳定的矿产资源，晶体属三方晶系的氧化物矿物，即低温石英（a-石英），是石英族矿物中分布最广的一个矿物种。广义的石英还包括高温石英（b-石英）。石英块又名硅石，主要是生产石英砂（硅砂）的原料，也是石英耐火材料和烧制硅铁的原料。石英是地球表面分布最广的矿物之一，它的用途广泛，石英钟、电子设备中把压电石英片用作标准频率；熔融后制成的玻璃，可用于制作光学仪器、眼镜、玻璃管和其他产品；还可以作精密仪器的轴承、研磨材料、玻璃陶瓷等工业原料。

1.1.5　方解石

方解石是一种分布很广的碳酸钙矿物，天然碳酸钙中最常见的就是它。方解石在世界各地的地壳中都有发现，可在沉积岩、变质岩和火成岩中找到，在热液环境中也经常发现方解石，它们构成了在洞穴中看到的一些钟乳石和石笋。方解石的晶体形状多种多样，它们的集合体可以是一簇簇的晶体，也可以是粒状、块状、纤维状、钟乳状、土状等。敲击方解石可以得到很多方形碎块，故名方解石。

方解石主要成分为 $CaCO_3$，晶体形态多样，属于三方晶系，常见的形态有板状、棱面体、柱状以及复三方偏三角面体等。方解石的晶体结构、分子结构如图 1-6 所示。由于具有较高的表面活性，方解石可以通过表面吸附作用与环境中多种无机或有机物发生作用；可用于河流底泥重金属污染的修复并能抑制磷的释放；此外，方解石在土壤中磷的固定以及磷的形态转化等方面都具有重要作用。

1.1.6　非晶态 Fe_2O_3

氧化铁是土壤中含铁矿物的主体，主要由含铁硅酸盐类矿物化学风化淀

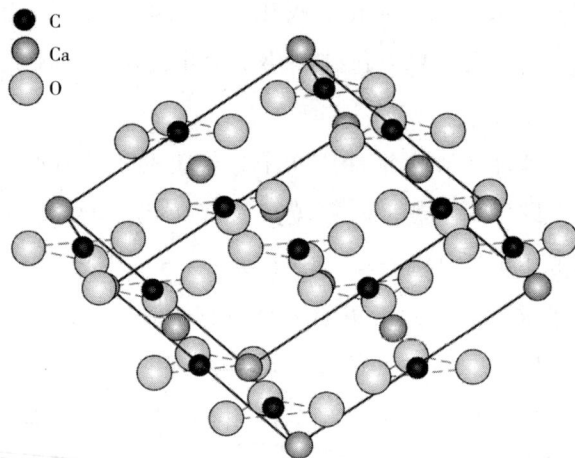

图 1-6　方解石的分子结构

积而成，广泛分布在全球各种类型的土壤中。由于活性较高，氧化铁的形态特征容易受到各种环境因素的影响，且氧化铁的含量、形态和表面特性，不仅影响土壤结构、肥力性质，还决定了重金属、有机污染物的存在形态、转化和归趋。氧化铁也是土壤重要的致色矿物。针铁矿和赤铁矿是土壤中最常见的两种氧化铁矿物，主导了土壤的黄度和红度。针铁矿（$\alpha-FeOOH$）呈黄色或者棕色，赤铁矿（$\alpha-Fe_2O_3$）呈现鲜艳的红色，少量赤铁矿即可掩盖针铁矿的黄色。

1.2　杭锦凹凸棒石黏土的特殊性质

杭锦凹凸棒石黏土晶体结构是由几种黏土相互交连而成，比较复杂。其中，坡缕石和斜绿泥石属于层状硅铝酸盐；伊利石也属于二八面体的层状结构，每个结构单元中的两个硅氧四面体中间夹一个铝氧八面体，四面体中四配位的 Si^{4+} 和八面体中六配位的 Al^{3+} 都可以被低价态离子置换。上述组成和结构特点赋予杭锦凹凸棒石黏土以下特殊性质。

1.2.1　类质同象替代结构

虽然其主要的结构单元由一层铝氧八面体与两层硅氧四面体组成,但不同类型矿物层与层之间的连接方式有所区别,使杭锦凹凸棒石黏土层与层之间形成通道,导致四面体中心的 Si 可能被 Al 替代,八面体中心的 Al 原子可能被低价态的 Fe、Mg 取代,造成杭锦凹凸棒石黏土晶体对金属离子的可置换性,进而形成类质同象替代结构。

1.2.2　表面酸性

杭锦凹凸棒石黏土表面具有丰富的羟基结构,组成杭锦凹凸棒石黏土的主要矿物,如坡缕石等,普遍存在晶格缺陷及晶体生长缺陷,这些缺陷可成为有效的负电荷中心而吸附大量金属离子(如 K^+、Na^+、Ca^{2+} 等)和水合阳离子。金属原子极易接受电子,使杭锦凹凸棒石黏土表面具有一定的 Lewis 酸性;而水合阳离子能够为质子酸的形成提供有利条件。经过改性后,杭锦凹凸棒石黏土晶体层间的可交换金属离子溶出,吸附水、结晶水及结构水的脱除会使杭锦凹凸棒石黏土形成更为丰富的孔道结构,暴露出更多酸性位,使改性后的杭锦凹凸棒石黏土有更强的酸性,以满足酸催化反应的要求。

1.2.3　热稳定性

杭锦凹凸棒石黏土热稳定性与其晶体结构中四面体、八面体的耐热性和杭锦凹凸棒石黏土中所含吸附水、结晶水、结构水以及表面羟基的多少有直接关系。一般认为温度升高、结构羟基丢失是导致杭锦凹凸棒石黏土热稳定性下降、活性降低的主要原因。试验研究证明,晶体结构的热稳定性决定着杭锦凹凸棒石黏土的热稳定性。当温度低于 600℃,杭锦凹凸棒石黏土中坡缕石、伊利石、绿泥石会失去部分水,使杭锦凹凸棒石黏土的孔道扩大,晶体结构部分坍塌。但是,杭锦凹凸棒石黏土中仍存在部分活性中心,说明杭锦凹凸棒石黏土的热稳定性相对较好,耐热性可保持在 600℃ 左右。所以,杭锦凹凸棒石黏土是开发性能良好的催化剂、新产品添加剂的优良原料。

1.3 杭锦凹凸棒石黏土的主要应用

杭锦凹凸棒石黏土属非金属微孔状矿物原料，它与目前世界上已开发利用的其他非金属微孔矿，如沸石类，包括膨润土、伊利石、凹凸棒石、绿泥石、高岭土、硅藻土和海泡石等矿产具有相似的性能，即吸附性、离子交换性、承载性和催化性等特殊的理化性能。

1.3.1 土壤改良剂和肥料

根据中国农业科学院土壤肥料研究所出具的《杭锦 2# 土保肥持水抗旱及不同作物施用效果试验研究报告》显示，通过对 11 项次田间试验研究结果综合分析，杭锦凹凸棒石黏土在不同种类土壤、不同作物上有着不同的改良土壤、增加产量和改善农产品品质作用。在正常配施化肥和农家肥的情况下，杭锦凹凸棒石黏土的施用效果被化肥的增产作用所掩盖，增产效果不明显。但施用杭锦凹凸棒石黏土对作物产量过程因素的各经济性状指标均有不同程度的改善（提升作物品质）。杭锦凹凸棒石黏土最佳用量选择应以 100～150 kg/亩为宜，在施用方法上，以基施效果最好。与试验前相比，施用杭锦凹凸棒石黏土，其 pH、全盐含量、土壤容重均有明显降低，阳离子代换量均有明显增加。

报告还显示，杭锦凹凸棒黏土改良土壤结构、缓释肥效、促进植物根系发育的特点，使其不仅可以在化肥、有机肥生产中作为增效剂、黏合剂，也可以作为土壤调理剂、肥料直接施用到土壤中。既可以修复土壤，也能够让作物增产，而且有抗旱保水作用（图 1-7），增强作物抗逆性，减少化肥农药施用量等。在肥料生产企业面临产能过剩、原材料等成本增加的背景下，用杭锦凹凸棒石黏土解决土壤修复改良和复合肥生产面临的各种难题。

图 1-7　抗旱保水剂

1.3.2　脱色剂

脱色剂常被用于食品加工行业，如未经处理的食用菜油颜色深、油烟大、黄曲霉素含量较高，需进一步脱色处理。在传统的油脂深加工食用油脱色处理过程中，以膨润土为主的活性白土使用较为广泛。而酸改性后的杭锦凹凸棒石黏土比表面积进一步增大、吸附性能增强，对食用菜油中的色素及杂质去除能力同样优异。照日格图等对内蒙古杭锦凹凸棒石黏土进行活化处理，制备了低成本植物油脱色剂杭锦 2#活性白土，其脱色性能优于市售活性白土。Li 等研究了零价铁负载于杭锦凹凸棒石黏土表面制备的脱色剂对甲基橙的脱色效率，研究表明，其对甲基橙具有很好的脱色率，在 10min 内能将 50mg/L 的甲基橙完全脱色。Guo 等研究了酸化杭锦凹凸棒石黏土对印染废水的脱色效率，研究结果表明，酸化杭锦凹凸棒石黏土对印染废水有较好脱色效率，其主要原因是经过酸化后杭锦凹凸棒石黏土表面各金属离子对废水具有化学凝絮作用，而非简单的物理吸附。

1.3.3　吸附剂

已有学者使用海泡石、坡缕石对废水中的重金属离子进行吸附处理研究，并从理论上对海泡石去除重金属离子的机理做了深入探讨。结果表明，海泡石、坡缕石的八面体结构中与 OH 结合的 Mg 及孔道边缘与结晶水结合的 Mg 均可与重金属发生离子交换，从而达到去除重金属离子的目的。而内蒙古杭锦凹凸棒石黏土的主要成分之一就是坡缕石，晶体结构及吸附性能上与坡缕石具有很大的相似处，且利用杭锦凹凸棒石黏土作为吸附剂来处理工业废水也已取得了一定的研究成果。宝迪、斯琴高娃等分别利用改性后的杭锦凹凸棒石黏土对含 F^-、Pb^{2+} 废水进行处理，处理后的水溶液已经完全达到排放标准。陈丽萍等研究了杭锦 2# 活性白土对废水中苯酚的等温吸附特性，结果表明，其对苯酚具有良好的吸附性能。郭向利等以杭锦凹凸棒石黏土为原料，通过酸活化、碱复合、造粒、烘干、煅烧后制得新型高效印染废水脱色材料，对实际印染废水的脱色率可达 95% 以上。杨宏伟等的研究表明，杭锦凹凸棒石黏土对敌敌畏、除草剂甘草膦和有机磷农药均表现出良好的吸附性能。照日格图等利用杭锦凹凸棒石黏土有阳离子交换容量，同时可以吸附有色的有机大分子及具有一定的黏结性等特点成功研制出性能优良的透水砖。

1.3.4　合成吸水性树脂

高吸水性树脂是具有三维网状交联结构的功能高分子复合材料，可通过水合作用快速吸收大量的水而呈凝胶状，保水性好，在卫生用品、农业园艺、沙漠防治与绿化等领域获得广泛应用。近年来，已有研究者将无机材料，如蒙脱土、坡缕石、高岭土、云母等矿物材料引入聚合物基体中用于制备有机—无机复合高吸水性树脂。结果表明，这些天然矿物能够显著提高树脂的耐盐等性能。但现阶段对于矿物—复合吸水树脂还存在凝胶强度不高、老化率较高、工艺复杂等缺点。杭锦凹凸棒石黏土是天然层状黏土矿物，具有性能稳定、孔容大、比表面积大、吸附性强等特点。近年来，利用杭锦凹凸棒石黏土合成高吸水树脂的研究已取得一定进展。赵瑞华等分别利用杭锦土、膨润土和硅藻土合成吸水树脂，研究结果表明，与膨润土和硅藻土相比，杭锦凹凸土合成的吸水树脂的接枝率更高、凝胶强度更大，且更耐老化。

1.3.5 催化剂载体

杭锦凹凸棒石黏土化学稳定性较好、孔结构丰富、无毒、无害，可局部富集反应物分子，是一种良好的催化剂载体。萨仁其其格等利用杭锦凹凸棒石黏土的离子交换性制备 TiO_2/Fe-杭锦凹凸棒石黏土负载型光催化剂，以光催化降解乙酸评价其催化活性。结果表明，以 300W 汞灯为光源，催化剂用量为 50g/L，反应时间为 6h，TiO_2/Fe-杭锦凹凸棒石黏土对 100mg/L 的乙酸溶液光催化降解率可达 78.30%。萨仁其其格等还利用原位聚合法将聚苯胺（PANI）负载于 Fe 掺杂杭锦凹凸棒石黏土制备 PANI/Fe-杭锦凹凸棒石黏土催化剂，结果表明，0.07g PANI/Fe-杭锦凹凸棒石黏土催化剂在 6h 内对 10mL 初始浓度为 80mg/L 的乙酸溶液的光催化降解率可达 62.3%。萨嘎拉等利用杭锦凹凸棒石黏土较强的离子交换性与吸附性，采用浸渍法制备钒改性杭锦凹凸棒石黏土催化剂，以过氧化氢为氧化剂，研究其对苯羟基化制苯酚的催化性能，结果表明，苯的转化率为 18.8%，苯酚的选择性为 90.0%。萨嘎拉等还制备了 Yb/TiO_2/杭锦凹凸棒石黏土催化剂，以苯为目标降解物对催化剂的性能进行研究。王旭等以沉淀法制备了 NiO_x/介孔杭锦凹凸棒石黏土催化剂，研究其光催化苯羟基化反应的催化性能，结果表明，苯酚的选择性和产率分别为 93% 和 56%。李靖等制备了 Ni-Al 复合氧化物/介孔杭锦凹凸棒石黏土负载 Au 催化剂，催化 CO 氧化，结果表明，制备的催化剂活性及稳定性优良。

1.3.6 新型催化材料

作为一种有极大应用潜力的天然矿物，已有研究证明，改性后的杭锦凹凸棒石黏土具有表面酸性、比表面积大、孔结构合适、稳定性良好及价格低廉等优点，有望成为一种良好的催化材料。近年来，有关杭锦凹凸棒石黏土制备催化剂的研究主要集中于对其进行酸处理，破坏其原有的层状结构，使其产生表面酸性位及骨架结构的缺陷，进而在某些反应中具备一定的催化能力。乌云等以杭锦凹凸棒石黏土制备的活性白土作催化剂，将其应用于催化环己醇脱水反应，结果表明，当催化剂用量为反应物质量的 10% 时，环己烯的产率可以达到 86%；刘艳林等以不同粒度的杭锦凹凸棒石黏土为载体制得 SO_4^{2-}/杭锦凹凸棒石黏土催化剂，在环己醇脱水反应中表现出良好的催化性能。刘正江等将杭锦凹凸棒石黏土作为光催化剂进行研究，表征分析表明，杭锦凹凸棒石黏土导带底位于 $-0.9eV$，而 $O_2/\cdot O_2^-$ 的氧化还原电位为 $-0.33eV$，比杭锦凹凸棒石黏土的导带底更正，故在光催化过程中光生电子可由杭锦凹凸棒石黏土导带转移至 O_2 形成 $\cdot O_2^-$，进而对甲基橙进行降解。刘正江等也将杭锦凹凸棒石黏土作为非均相 Fenton 试剂进行研究，结果表明，酸性条件下杭锦凹凸棒石黏土与 $0.2mmol$ H_2O_2 同时存在，可将溶液中 40% 的甲基橙于 40min 内降解，说明杭锦凹凸棒石黏土可将 H_2O_2 分解产生强氧化性的 $\cdot OH$。为进一步提高杭锦凹凸棒石黏土对 H_2O_2 的利用率，对其进行酸活化并应用于非均相 Fenton 降解溶液中甲基橙的反应，结果表明，杭锦凹凸棒石黏土经酸活化后在非均相 Fenton 反应中催化 H_2O_2 分解生成 $\cdot OH$ 的能力极大提升。

第2章

杭锦凹凸棒石黏土基本性质分析及光催化降解印染污水研究

纺织印染行业是用水量大、废水排放较多的工业部门之一。染色加工中产生的废水量占用水量的60%～80%。据统计，我国印染企业每天排放的废水量达300万～400万吨。纺织印染废水，水量大，色度高，成分复杂，废水中含有染料（染色加工过程中10%～20%染料排入废水中）、浆料、助剂、油剂、酸碱、纤维杂质及无机盐等，染料中硝基和胺基化合物及铜、铬、锌、砷等重金属元素具有较大的生物毒性，严重污染环境。

印染废水如果不加处理而直接排放，会对环境造成严重的污染，如长期用于灌溉农田，会使土壤碱化，影响土壤的物理特性和矿物养分的溶解度，减缓植物的生长发育，使农作物减产；废水如进入水体，会改变水体的物理特性，使水具有颜色，发出臭味；废水中的有机物会使水体的溶解氧迅速消耗；有机物的淤积造成的厌氧腐化，会使水中的溶解氧进一步消耗，水生动物无法生存；染料存在使阳光不能从水中透过，水生植物不能进行光合作用；漂白废水中有机氯化物会破坏或降低河水的自净能力。

2.1 印染污水的常见处理方式

印染废水含有大量有机污染物和无机污染物，有效处理印染废水是环境保护的客观要求。目前，国内外主要运用以下技术来处理印染废水。

2.1.1　物理法

物理法处理污水是通过筛选污水中的浑浊颗粒物，过滤污水中的不可溶物质达到初步的污水处理目的的技术。根据沉淀方式不同，物理法处理污水可分为筛滤法、重力沉淀法、过滤法与膜分离法等。筛滤法由多层孔径逐渐细化的筛网组成，筛网的分层能够逐步除去污水中大小不一的固体颗粒沉淀或悬浮物。通过除去污水中的固体物质，实现第一步的污水处理，为后续可溶性污染物的去除打下基础。重力处理法的基本原理是通过对污水进行离心，利用污染物自身重力的影响，实现对污水不可溶固体的去除。在重力处理法下，重于污水的固体物质经过重力离心后会以沉淀的方式聚集在水底，而轻于污水的固体物质会悬浮在污水上层，通过沉淀和上层悬浮的过滤，便可同时除去污水中的不可溶固体及悬浮颗粒。膜分离技术是指利用水中重金属离子的大小不同，使废水通过一定孔径的膜，选择透过一些离子，达到去除废水中重金属离子的目的。根据膜技术的分离原理和所分离物质的尺寸，分离膜大致可以分为微滤膜、超滤膜、纳滤膜、反渗透膜、渗析膜、电渗析膜等。

2.1.2　化学法

化学法处理污水是指通过化学物质与污水中的有机物质进行化学反应，从而去除有机质，达到水质净化的一种污水处理方式。化学处理法能够用来处理含剧毒物质的污水，污水处理的效率比生物法的更高，反应更容易通过相关物质的特征被仪器监测，具有自动化程度高的特点。根据反应物化学反应性质的不同，化学法处理污水可分为氧化法、中和法和混凝法三种。氧化法是化学法处理污水的最常用手段。氧化法通过反应物与污染物的氧化还原反应，改变污染物的性质，通过性质的转变便可将有毒物质转化为无毒物质，从而起到污水处理效果。中和法是通过运用酸碱物质，如氢离子和氢氧根离子的应用，进行污水 pH 的调整，在工业污水处理中最常用，反应时还可能产生沉淀，除去污水中的重金属离子。混凝法能够用于污水中微小悬浮物的处理，混凝法投入的反应物能与污染物发生凝聚反应，通过凝聚使污染物形成沉淀并沉降，以此达到除去污水中微小悬浮物、净化水质的目的。

2.1.3　生化法

生化法是利用微生物的新陈代谢作用，使污水中有机物被吸附、降解而实现去除的一种处理方法。由于其污染物降解彻底，运行费用相对低，基本不产生"二次污染"等特点，被广泛应用于印染污水处理中。根据微生物在处理废水中对氧气要求的不同，废水的生化处理又可分为好氧生化处理和厌氧生化处理，其中起作用的分别是好氧菌和厌氧菌。有的微生物可以在有氧和无氧两种条件下生存，因而叫兼氧菌。一般情况下，好氧生化处理用于处理废水，厌氧生化处理（又称为污泥消化）用于处理污泥。厌氧包括水解酸化、UASB 等；好氧生化处理主要包括生物膜法、活性污泥法等。

当前纺织印染废水的处理工艺主要采取"物化预处理→ 生物处理→ 物化深度处理"的技术路线。其中，前两个工艺环节一般采取的是传统的物化处理和生物处理手段，例如，首先去除大颗粒污染物，然后采用厌氧、好氧等生物处理技术对污染物进行消减。虽然这两个环节的处理可在一定程度上去除水污染物，但对含苯环等难降解污染物的去除效果较差，于是第三阶段的"物化深度处理"环节成为出水能否达标的关键。常见的物化深度处理技术主要包括物理吸附技术、膜技术、高级氧化技术等。但是，采用这些技术进行深度净化的同时，也带来了另外一些难以解决的问题。例如，物理吸附方法存在吸附剂再生和二次污染的问题；膜分离技术存在膜污染和膜使用寿命较短以及维护成本较高的问题；高级氧化技术存在实际运行费用过高而无法形成产业规模的问题。这些问题的存在，一方面导致水处理成本的直线上升，另一方面增加了非正常工况下的水污染风险。因此，继续探索新的纺织印染废水污染物的深度降解技术是非常必要而且十分重要的。

光催化氧化技术，以其常温、常压深度反应和可直接利用太阳能的特点，一直是学者们关注的热点。近几十年来，国内外学者对光催化氧化污染物降解进行了多方面研究，取得了诸多进展。光催化氧化法降解污水的主要反应基团为 ·OH，且无论对催化剂作何改性、修饰，最终都以 ·OH 的生成量来决定反应的活性。作为一种重要的强氧化性基团，·OH 在氧化降解污染物时具有以下特点。首先，·OH 是高级氧化过程中的中间产物，可诱发链反应发生，特别适用于难降解物质；其次，·OH 能够无选择地与废水中的污染物反应，将其彻底氧化为 CO_2、H_2O 或无机盐，而不产生新的污染物；再次，·OH氧化是物理化学过程，易于控制，并且反应条件温和，易广泛应用；最后，·OH 比其他氧化剂具有更高的氧化电极电位（$E = 2.80eV$），·OH 与其他强氧化剂的标准电极电位的比较见表 2-1，由表可知，除 F_2 外，·OH 比其他氧化剂具有更高的标准电极电位，也意味着具有更强的氧化能力，能够快速、有效地降解大部分常见的无机及有机污染物。基于以上分析，光催化技术在污水治理方面具有极大应用潜力。

表 2-1　常见氧化剂的标准电极电位

氧化剂	F_2	·OH	O_3	H_2O_2	MnO_2	$HClO_4$	ClO_2	Cl_2	$Cr_2O_7^{2-}$	O_2
氧化电位/V	3.06	2.80	2.07	1.77	1.68	1.63	1.50	1.36	1.33	1.23

2.2 光催化技术简介

自 1972 年日本科学家 Fujishima 和 Honda 发现 TiO_2 光电催化分解水制氢以来，半导体光催化便进入一个高速发展阶段。光催化氧化技术就是利用半导体受光激发后产生的具有氧化能力的光生空穴对吸附在半导体表面的物质进行氧化的技术。光催化氧化技术研究最为广泛的就是利用光催化技术进行环境污水处理。驱动半导体光催化反应的能量来源为太阳光，光催化反应能够将难以直接利用的低密度太阳能转化为高密度的化学能，用于直接降解水制氢和矿化有机污染物，在解决环境污染等方面具有极大的应用潜力，故而光催化反应受到世界各国政府的高度重视。

光催化氧化技术是对传统污水治理技术的有效补充和完善。光催化氧化技术的优点在于其降解反应在常温常压下就可进行，对污染物破坏彻底，并能使之完全转化为二氧化碳、水而不生成其他有害物质，避免二次污染的产生。此外，光催化降解的能量来源为光能，催化剂为半导体，催化剂能够利用光能对污染物进行降解，从而解决了不可再生能源的消耗问题。半导体的能带理论是光催化反应的基础。半导体的能带结构通常是由充满电子的低能价带（valence band，VB）、空的高能导带（conduction band，CB）构成，价带和导带之间存在一个区域为禁带，区域的大小为禁带宽度（E_g）。当用能量等于或大于禁带宽度（E_g）的光照射时，半导体价带上的电子可被激发跃迁到导带，同时，在价带产生相应的空穴。众多半导体材料，如 TiO_2、ZnO、Fe_2O_3、CdS、$CdSe$、ZnS 等均具有合适的能带结构，可作为光催化剂使用，但部分半导体均存在一定的缺陷，如有毒、光腐蚀现象严重等。与其他材料相比，TiO_2 具有价格低廉、无毒无害等优点，并且矿藏资源非常丰富，更为重要的是其具有良好的热稳定性和化学稳定性，所以，一直被作为最具实用潜力的光催化剂。

TiO_2 作为一种化学性质稳定、无毒、廉价、研究最为广泛的典型半导体光催化剂，其禁带宽度为 3.2eV。当 TiO_2 受到能量大于或等于其禁带宽度的光能照射时，位于价带上的电子被激发并跃迁到导带，在价带上生成缺电子的空穴（h^+），空穴能够与导带中的电子（e^-）形成空穴—电子对。由于半导体能带的不连续性，光生电子和空穴分离后有一定的寿命，在电场的作用下，空穴与电子分别迁移到 TiO_2 表面的不同位置。光生空穴能够与吸附在 TiO_2 表面的 OH^-/H_2O 发生反应生成有强氧化性的羟基自由基（$\cdot OH$），光生电子也能够与反应体系中的 O_2 反应生成有一定氧化能力的超氧自由基（$\cdot O_2^-$）。$\cdot OH$ 与 $\cdot O_2^-$ 是光催化氧化过程中的主要反应基团，其反应机理如图 2-1 所示。

此外，光催化过程是通过化学氧化的方法，把有机污染物矿化分解为水、二氧化碳和无毒害的无机酸，而传统的相转移法（空气吹脱和吸附）和过滤法（膜分离技术）只是通过物理作用将污染物富集并转移，易造成二次污染；光催化氧化是一种室温深度氧化技术，在环境温度下就能将有机物分解，且反应装置简单，而传统的高温焚烧法，装置复杂且耗能，而且存在燃烧不完

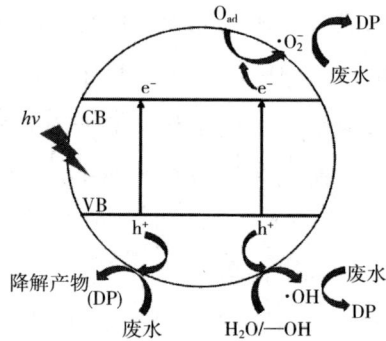

图 2-1　光催化降解污水机理

全而生成有毒有害中间产物的问题。因此，传统的燃烧技术无法达到治理环境污染的目的。光催化剂有可能直接利用太阳光中的可见光作为激发光源来驱动氧化还原反应，从能源利用角度来讲，这一特征也使光催化更具开发潜力。

天然矿物由于储量丰富、廉价而成为备受关注的半导体载体。诸多天然矿物负载二氧化钛光催化剂的表征结果显示，二氧化钛与天然矿物之间是以范德瓦耳斯力相结合的，两者之间没有化学反应，说明天然矿物是很好的惰性载体。但天然矿物的存在能够使二氧化钛在可见光区域的吸光能力明显增强。已有研究表明，将二氧化钛负载于蒙脱土、高岭土、蛭石等天然矿物上，会极大地提高二氧化钛的光催化降解污水或光解水制氢的活性；此外，使用敏化剂对天然矿物进行敏化后，能够在可见光下进行光解水制氢或降解污水。

目前，大部分研究将天然矿物用作光催化剂的载体，利用其层状结构和较大的比表面积为催化剂提供负载位点并增加催化剂与溶液中污染物的接触面积和接触概率，天然矿物是否可作为催化剂在光催化反应过程中对污染物进行降解则研究较少。杭锦凹凸棒石黏土作为一种晶体结构，是与蒙脱土类似的天然矿物，本章将杭锦凹凸棒石黏土作为催化剂直接应用于光降解溶液中的甲基橙，并对杭锦凹凸棒石黏土的形貌、官能团、光吸收性能等进行表征，对杭锦凹凸棒石黏土的光催化机理进行探讨。

2.3　杭锦凹凸棒石黏土基本性质分析

2.3.1　成分分析

使用 PANalytical Empyrean 型 X 射线衍射仪（X-ray diffraction，XRD）对杭锦凹凸棒石黏土进行成分分析，测试条件为：Cu – Kα 射线（λ = 0.15406nm），管压 40kV，管流 30mA，扫描衍射角度范围：$2\theta = 5° \sim 90°$，扫描速度为 3°/min。杭锦凹凸棒石黏土 XRD 测试结果如图 2-2 所示。由图可知，杭锦凹凸棒石黏土包含多个相的衍射峰，其中最为明显的是位于 $2\theta =$ 20.86°、26.64°、57.56°（JCPDS，No.03-0444）处二氧化硅的特征衍射峰，说明杭锦凹凸棒石黏土的主要成分为二氧化硅。除二氧化硅的特征衍射峰外，杭锦凹凸棒石黏土中还包含方解石（$2\theta = 29.57°$、39.53°，JCPDS，No.03 – 0612）、长石（$2\theta = 27.52°$，JCPDS，No.02 – 0472）、坡缕石（$2\theta = 19.84°$、

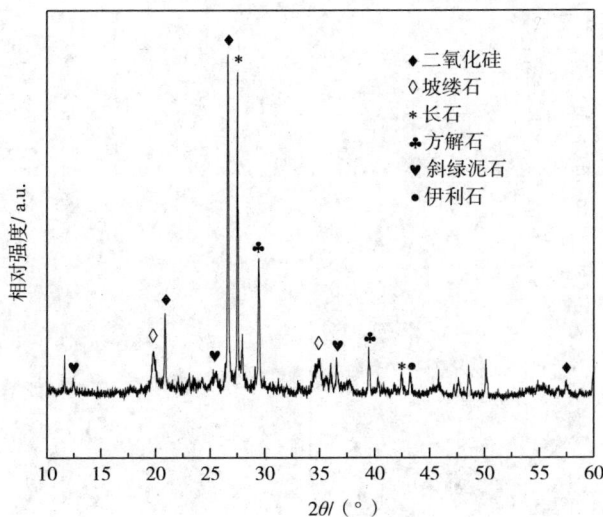

图 2-2　杭锦凹凸棒石黏土 X 射线衍射分析

35.04°，JCPDS，No.20-0688）、斜绿泥石（$2\theta = 12.46°$、$25.06°$、$37.52°$，JCPDS，No.43-0685）、伊利石（$2\theta = 19.76°$、$34.70°$、$43.43°$，JCPDS，No.43-0685）等成分。由以上分析可知，杭锦凹凸棒石黏土是以二氧化硅为主的天然黏土，但包含了大量的其他金属离子、非金属离子；也可以说，杭锦凹凸棒石黏土是以半导体金属氧化物为主，天然掺杂其他金属离子、非金属离子的天然矿物。

2.3.2 形貌分析

采用 Hitachi S-3400 型扫描电子显微镜（scanning electron microscopy，SEM）的聚焦高能电子束对杭锦凹凸棒石黏土进行形貌分析，结果如图 2-3 所示。由图可知，杭锦凹凸棒石黏土是由大小不等、形状差异较大的众多颗粒组成。扫描分辨率放大之后发现，组成杭锦凹凸棒石黏土的颗粒为层片状

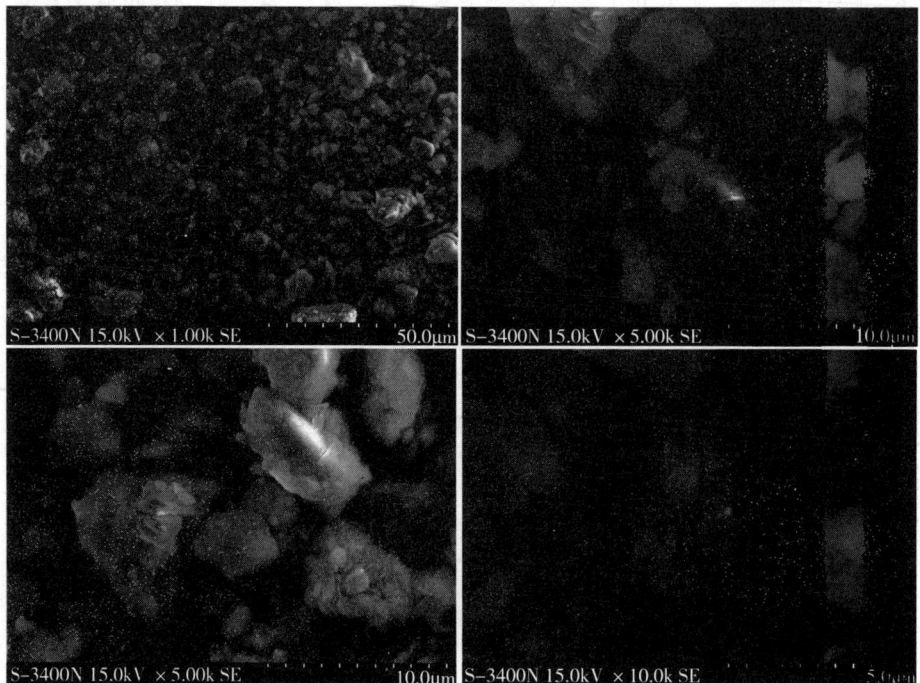

图 2-3　杭锦凹凸棒石黏土的 SEM 分析

物质叠加包裹形成，说明杭锦凹凸棒石黏土为层片状包裹颗粒组成的天然矿物。已有研究表明，层片状结构的半导体在光催化反应过程中能够抑制光生电子与空穴的复合，进而提高半导体的光催化活性。通过 XRD 分析可知，杭锦凹凸棒石黏土是以二氧化硅为主的混合半导体天然黏土，由此推断，层片状结构对杭锦凹凸棒石黏土在光催化过程中的应用起到积极作用。

2.3.3　能量色散谱分析

使用 Bruker QUANTAX 200 型能谱检测器（附于 Hitachi S‐3400 型扫描电子显微镜）对杭锦凹凸棒石黏土进行能量色散谱（energy dispersive spectrometer，EDS）分析，图 2‐4 所示为 EDS 分析结果。由图可知，杭锦凹凸棒石黏土的主要成分为 Si、O、Al、C、Fe、Na、Mg、K、Ca、Ti、S、Cl 等元素，其中 Si、O、Al 含量最多，说明杭锦凹凸棒石黏土中的主要物质为硅铝的氧化物，与 XRD 分析结果一致。

元素	C	O	Na	Mg	Al	Si	S	Cl	K	Ca	Ti	Fe
质量分数/%	0.29	55.1	0.55	2.36	7.6	17.85	0.45	0.25	2.94	6.2	1.94	4.47
原子个数百分含量/%	0.49	70.61	0.49	1.99	5.77	13.03	0.29	0.14	1.54	3.17	0.83	1.64

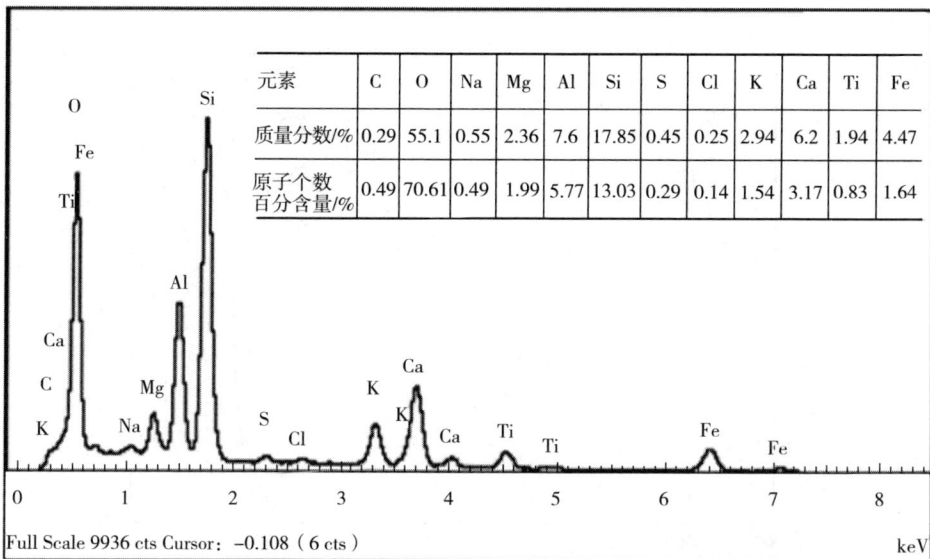

图 2‐4　杭锦凹凸棒石黏土的 EDS 分析

2.3.4 结构分析

利用 Thermo Nicolet NEXUS 型傅里叶变换红外光谱仪对杭锦凹凸棒石黏土的化学结构进行测定，样品与溴化钾（KBr）混合压片进行测定，扫描次数为4，分辨率为 $4cm^{-1}$。图 2-5 为杭锦凹凸棒石黏土的红外光谱。由图可知，杭锦凹凸棒石黏土在高波数范围内有三个明显的吸收峰，$3620cm^{-1}$ 是硅氧四面体与铝氧八面体层间羟基的吸收峰；$3541cm^{-1}$ 处为八面体结构中羟基的伸缩振动；$3430cm^{-1}$ 处为杭锦凹凸棒石黏土表面物理吸附水的伸缩振动，$1638cm^{-1}$ 处为杭锦凹凸棒石黏土表面物理吸附水的弯曲振动。$1450cm^{-1}$ 处为杭锦凹凸棒石黏土中方解石即碳酸钙的特征吸收峰。$1030cm^{-1}$ 处为 Si—O 的伸缩振动，$799cm^{-1}$ 处同样为 Si—O—Si 的振动强吸收峰，$470cm^{-1}$ 处为 Si—O—Si 的弯曲振动，$520cm^{-1}$ 处为 Si—O—Al 的弯曲振动。由以上分析可知，杭锦凹凸棒石黏土是以硅氧四面体与铝氧八面体为主，同时，含有其他矿物质的天然黏土，且该天然黏土富含羟基。

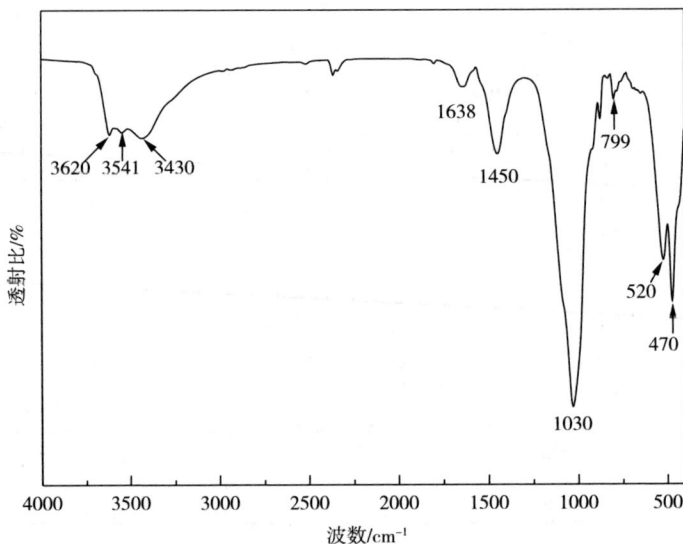

图 2-5 杭锦凹凸棒石黏土的红外光谱

2.3.5　比表面积分析

使用 Quadrasorb SI-MP 型系统全自动四站物理吸附仪对杭锦凹凸棒石黏土进行比表面积分析，了解其比表面积以及孔径分布。比表面测量范围<0.0005m²/g，孔径测量范围为 0.35~500nm，结果如图 2-6 和图 2-7 所示。根据 IUPAC 的分类，由图 2-6 可知，复合吸附剂的 N₂ 吸附等温线属于Ⅳ型吸附等温线，是多孔介质多层吸附的典型情况。在 $P/P_0<0.43$ 的范围内，吸附量随着相对压力的上升而增长比较平缓，吸附线和脱附线几乎完全重合，说明在等温线的开始部分，吸附主要发生在微孔中；在 $P/P_0>0.43$ 时，吸附量随着相对压力的增加而升高，进一步证明杭锦凹凸棒石黏土中除含有微孔外，还含有一定量的中孔和大孔。由图 2-7 可知，杭锦凹凸棒石黏土的孔径分布主要集中于 3~20nm，为孔径分布相对较窄的介孔材料。综合以上分析可知，杭锦凹凸棒石黏土主要由大小差异较大的颗粒自由排列堆积而成，晶粒之间存在大量的堆积间隙孔，样品的比表面积为 38.29m²/g。

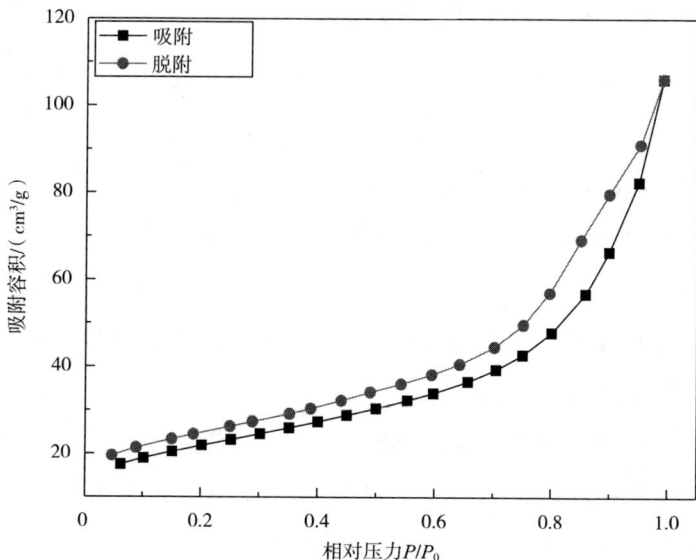

图 2-6　杭锦凹凸棒石黏土的氮气吸、脱附等温曲线

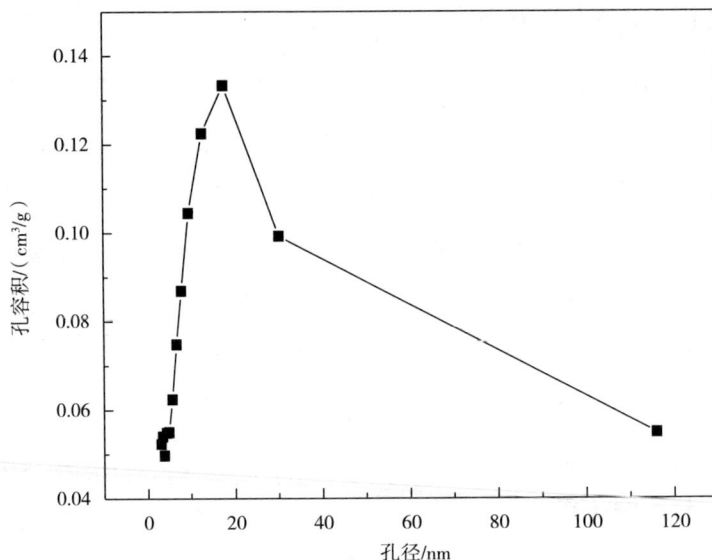

图 2-7 杭锦凹凸棒石黏土的孔径分布图

2.3.6 元素组成和化学状态分析

为了进一步确定杭锦凹凸棒石黏土中的元素组成及元素键合状态，使用 PHI5000 Versa Probe 型 X 射线光谱仪对杭锦凹凸棒石黏土进行 X 射线光电子能谱（X-ray photoelectron spectroscopy，XPS）表征分析。测试条件：射线源为 Al-Kα X 射线（1486.6eV）。对样品的元素组成、化学态、电子态以及价带结构（XPS 价带谱）进行观察与分析。XPS 中所有的数据参照 C 1s 峰值（284.8eV）进行校正，对表面荷电效应进行补偿，使用 XPSPEAK v4.1 软件对 XPS 高分辨谱图进行拟合。

图 2-8 所示为所制备样品的 XPS 总谱，图中具有 Si 2p、Al 2p、Fe 2p、C 1s、O 1s 等的明显特征谱线，也就是说，样品的元素组成主要为 Si、O、Al、C、Fe，其分析结果与 EDS 表征结果相一致。

图 2-9 为杭锦凹凸棒石黏土中 Si、Al、O、Fe 四种元素的高分辨 XPS 谱图，并使用 XPS 分析软件 XPSpeak 4.1 对其进行分析拟合。由图 2-9（a）可

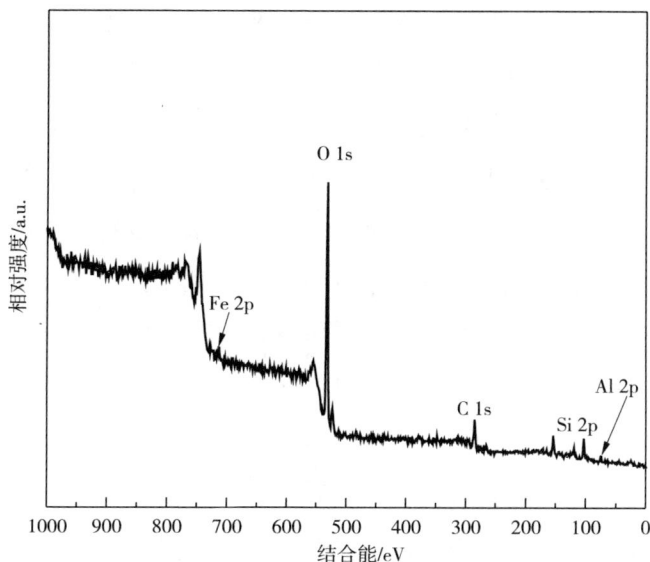

图 2-8　杭锦凹凸棒石黏土的 XPS 谱图

知，Si 2p 的结合能位于 103.1eV，为杭锦凹凸棒石黏土中硅氧四面体中 Si^{4+} 的结合能。而二氧化硅中 Si 2p 的标准结合能为 103.6eV，与之相比，杭锦凹凸棒石黏土中 Si 2p 的结合能增加了 0.5eV，说明 Si 2p 的电子发生离域，进而导致 Si 原子周围电子云密度减小，结合能增加。图 2-9（b）为杭锦凹凸棒石黏土中 Al 2p 的高分辨 XPS 谱图，其中 Al 2p 的结合能为 74.88eV，对应于杭锦凹凸棒石黏土的铝氧八面体中 Al 的结合能，而铝氧八面体 Si—O—Al 中 Al 2p 的结合能一般位于 74.2~74.6eV，杭锦凹凸棒石黏土中 Al 2p 结合能的增加说明杭锦凹凸棒石黏土八面体结构中的 Al 处于非稳态，即杭锦凹凸棒石黏土中的 Al 可能被其他杂质原子所取代，形成类质同象结构。图 2-9（c）为 O 1s 的高分辨 XPS 谱图，由图可知，杭锦凹凸棒石黏土中 O 1s 可拟合为位于 532.54eV 和 531.41eV 处的两个吸收峰。硅氧四面体结构 Si—O—Si 结构中 O 的标准结合能位于 532.5eV，而 Si—O—H 结构中 O 的结合能位于 532.0eV。由于天然矿物中成分复杂，各组分之间的相互作用力较多，故可认定杭锦凹凸棒石黏土中 532.54eV 处为 Si—O—Si 和 Si—O—H 的混合吸收峰，而 531.41eV 处为杭锦凹凸棒石黏土中 Si—O—Al 的特征吸收峰。

由以上分析可知，与标准的硅氧四面体及铝氧八面体中 Si、Al 结合能相比，杭锦凹凸棒石黏土的主要结构框架硅氧四面体及铝氧八面体中 Si、Al 的结合能均发生了变化，其可能的原因为杭锦凹凸棒石黏土中其他离子的存在，如 Ca^{2+}、Mg^{2+}、Fe^{3+} 等与硅氧四面体及铝氧八面体中的 Si、Al 发生了类质同象替代，使杭锦凹凸棒石黏土中硅氧四面体及铝氧八面体的骨架结构产生缺陷。已有研究表明，光催化反应中催化剂骨架结构的适当改变能够有效促进光生电子从体相向催化剂表面迁移，进而增加其参与光催化反应的能力。

图 2-9 （d）为杭锦凹凸棒石黏土中 Fe 2p 的高分辨 XPS 谱图，710.83eV 及 724.32eV 处分别为 Fe_2O_3 中 Fe 2p3/2 和 Fe 2p1/2 的特征吸收峰，说明杭锦凹凸棒石黏土中 Fe 的主要存在形态为 Fe^{3+}。

由以上分析可知，杭锦凹凸棒石黏土是存在类质同象替代的天然黏土，其骨架结构有明显缺陷，缺陷能够有效捕获光催化反应过程中的光生电子。而杭锦凹凸棒石黏土中 Fe_2O_3 作为一种半导体也可作为一种光催化剂来使用，那么杭锦凹凸棒石黏土应用于光催化反应时，其中的 Fe_2O_3 可能会与 SiO_2 形成类似于半导体复合的结构，进而增加杭锦凹凸棒石黏土的光催化活性。

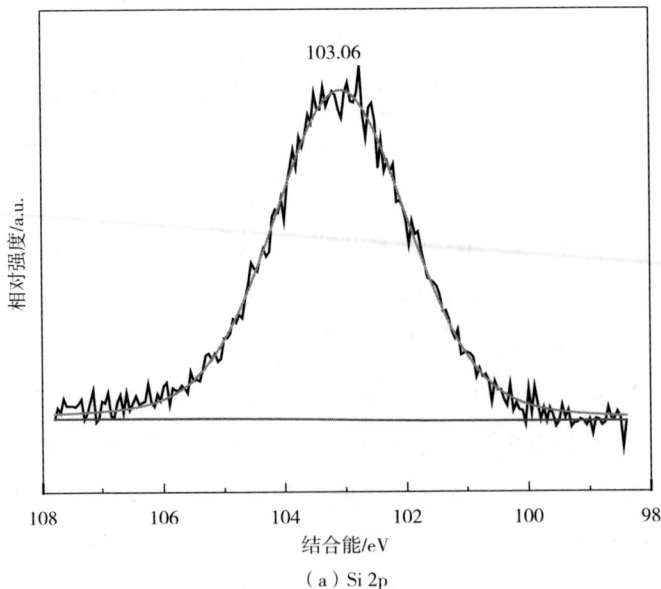

（a）Si 2p

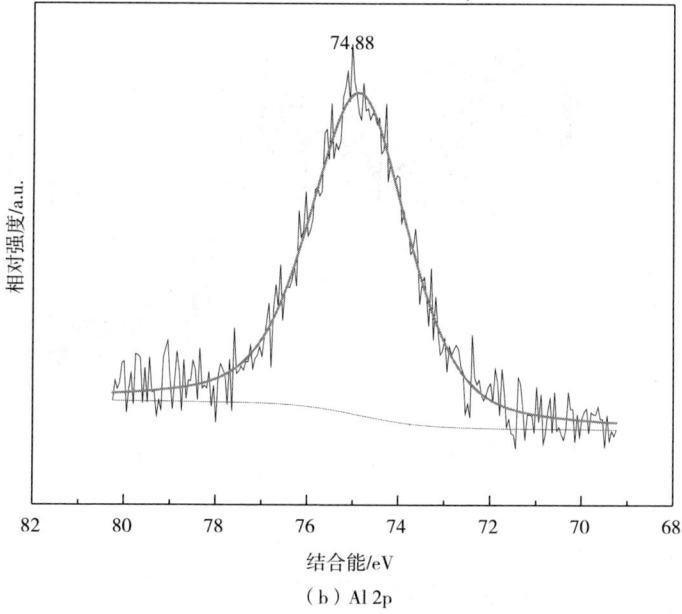

（b）Al 2p

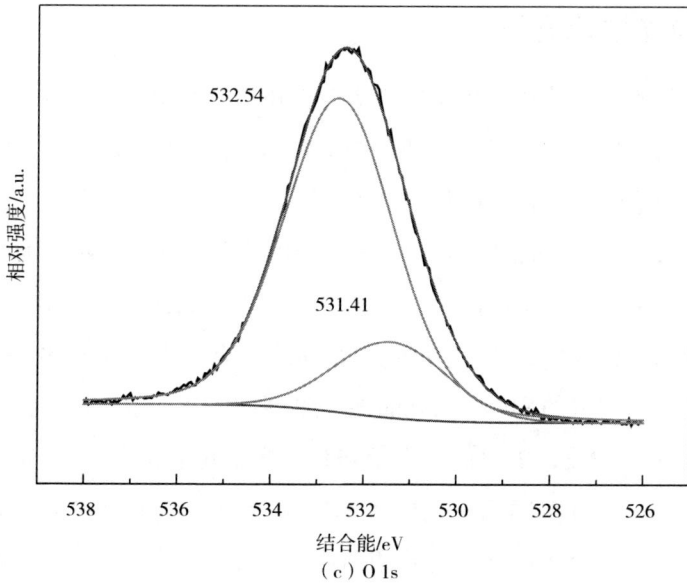

（c）O 1s

图 2-9

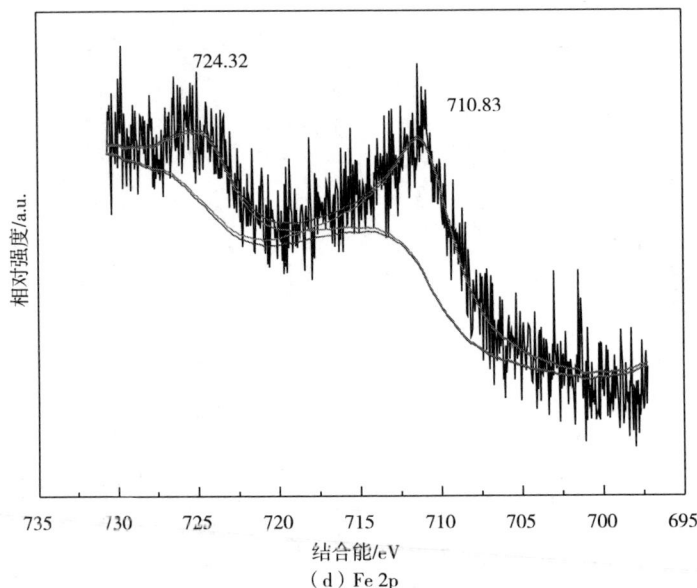

图 2-9　杭锦凹凸棒石黏土的 XPS 分析

2.3.7　吸光性能分析

为了确定杭锦凹凸棒石黏土的光吸收范围及其中各组分对光的响应程度，采用配置了积分球附件的日本岛津公司 UV-3600PC 型紫外—可见漫反射吸收光谱仪对杭锦凹凸棒石黏土进行紫外—可见漫反射光谱（ultraviolet-visible diffuse reflectance spectra，UV-vis DRS）分析，以 $BaSO_4$ 粉末作为参比，光谱范围为 200~900nm，采样间隔 0.5，狭缝宽度 5.0nm，结果如图 2-10 所示。

由图可知，杭锦凹凸棒石黏土在 250nm 处有一个强的吸收峰，在 300~600nm 处有一个较宽的肩峰。250nm 左右的强吸收峰是由于八面体天然矿物中 Fe^{3+} 与 O_2^-、OH^- 或 OH_2 之间的电子转移所形成的；300~600nm 处的宽肩峰是由于杂质离子将杭锦凹凸棒石黏土晶体构架中的离子取代，形成类质同象替代所致。由以上分析可知，杭锦凹凸棒石黏土为天然的类质同象替代黏土，其晶体结构存在天然缺陷，与 XPS 分析结果相一致。就以上分析结果同样可以确定，杭锦凹凸棒石黏土对光响应起主导作用的主要为其中的 Fe_2O_3，且集

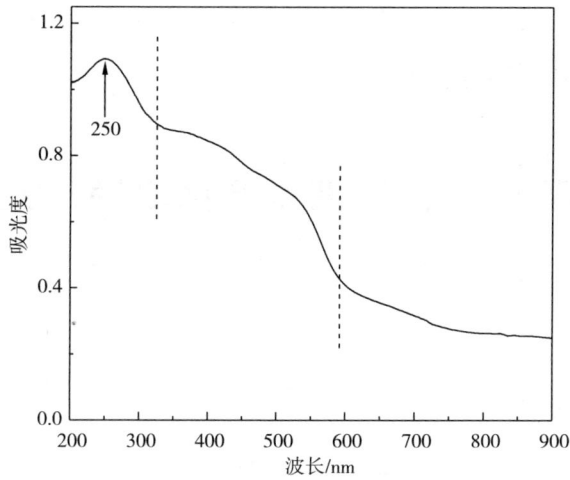

图 2-10　杭锦凹凸棒石黏土的 UV-vis DRS 分析

中于紫外光区, 可见光区的光吸收为类质同象替代所致, 是否对可见光有响应需要进一步确认。

为此, 依据公式 $(KM^{❶}\times h\nu)^2 = f(h\nu)$ 对杭锦凹凸棒石黏土的禁带宽度进行计算, 可知杭锦凹凸棒石黏土的禁带宽度为 3.6eV, 如图 2-11 所示。由以上分析可知, 天然的类质同象替代对杭锦凹凸棒石黏土的光催化活性有一

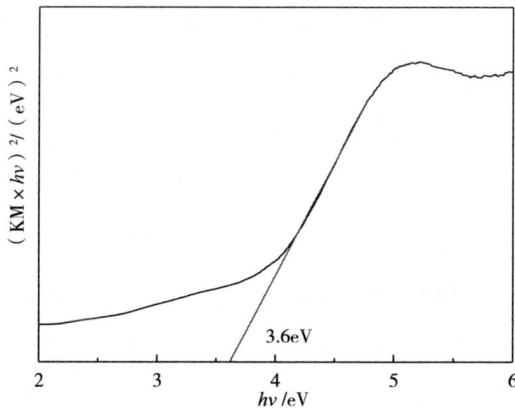

图 2-11　杭锦凹凸棒石黏土的禁带宽度

---

❶ KM 即 Kubelka-Munk 函数, 简写为 K-M 函数, 也可写作 F (R∞)。

定的促进作用，但是由于其禁带宽度为 3.6eV，意味着杭锦凹凸棒石黏土只能利用紫外光进行光催化反应。

2.4 杭锦凹凸棒石黏土光催化降解印染污水性能评价

2.4.1 评价方式

偶氮染料制备方法简单、成本低廉，被广泛用于各种纤维纺织品染色。甲基橙（methyl orange，MO）是一种典型的偶氮染料，学名对二甲基氨基偶氮苯磺酸钠，为橙黄色粉末或鳞片状结晶状物质，分子量为 327.34，是具有偶氮基团的有机化合物。而偶氮基团是染料分子的显色基团，是较难降解的有机污染物，其结构式如下：

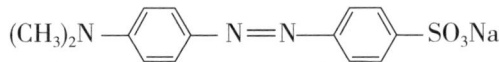

$$(CH_3)_2N \!\!-\!\!\!\bigcirc\!\!\!-\!\! N\!\!=\!\!N \!\!-\!\!\!\bigcirc\!\!\!-\!\! SO_3Na$$

杭锦凹凸棒石黏土光催化降解印染污水性能以紫外灯照射下甲基橙溶液的降解来评价，评价装置如图 2-12 所示。在一个典型的反应中，将 1g 催化剂样品加入初始浓度为 20mg/L 的 MO 溶液的反应容器中，固/液比为 1/200（g/mL），于暗处搅拌 1h 直至甲基橙在杭锦凹凸棒石黏土表面达到吸附平衡后打开光源。在整个反应过程中持续通入氧气，滴流补充反应过程中蒸发的水。每隔 30min 取样一次，使用微孔滤膜（孔径为 0.22μm）滤去催化剂颗粒后，在 464nm 波长（甲基橙的特征吸收峰）处用 TU1901 型紫外—可见分光光度计测量溶液的吸光度，确定甲基橙随光照时间的相对降解率。MO 溶液的降解效率用下式计算。

$$\eta = (C_0 - C) / C_0 \times 100\%$$

式中：C_0 为反应开始前溶液的吸光度，C 是反应任一时间后溶液的吸光度。

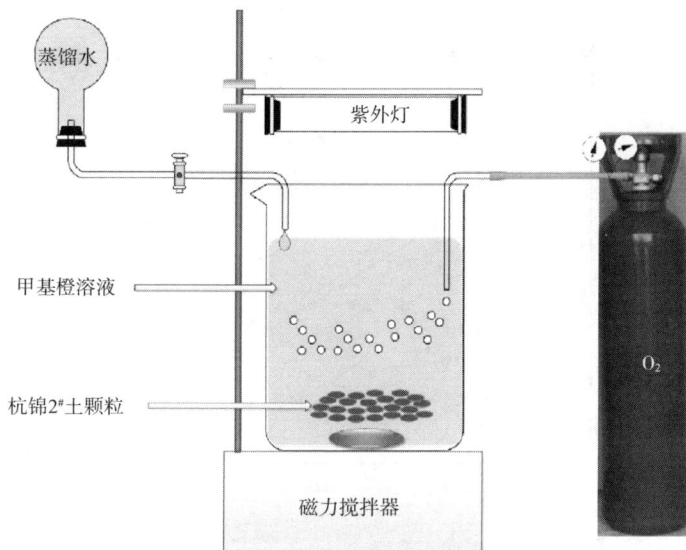

图 2-12　活性评价装置

2.4.2　评价结果分析

图 2-13 为不同反应条件下溶液中甲基橙的降解结果。由图可知，在黑暗环境中，杭锦凹凸棒石黏土对溶液中甲基橙的吸附性能较弱，几乎可忽略不计，说明杭锦凹凸棒石黏土原土对甲基橙的脱色能力很弱。在没有杭锦凹凸棒石黏土存在的条件下，紫外光单独对甲基橙的光降解效率可达 10% 左右，由此可见，120min 内紫外光对甲基橙的降解能力同样很弱。而杭锦凹凸棒石黏土与紫外光同时存在的情况下，以氧气为鼓泡气体，溶液中 60% 的甲基橙在 120min 内被降解。作为对比，在相同测试条件下，取 1g 二氧化钛 P25 对甲基橙溶液进行降解，溶液中的甲基橙在 120min 内几乎被完全降解。以上结果说明，以氧气为鼓泡气体，紫外光为光源，杭锦凹凸棒石黏土对溶液中的甲基橙有一定的降解活性，具有一定的光催化氧化能力，但其对甲基橙的降解能力要小于 P25。

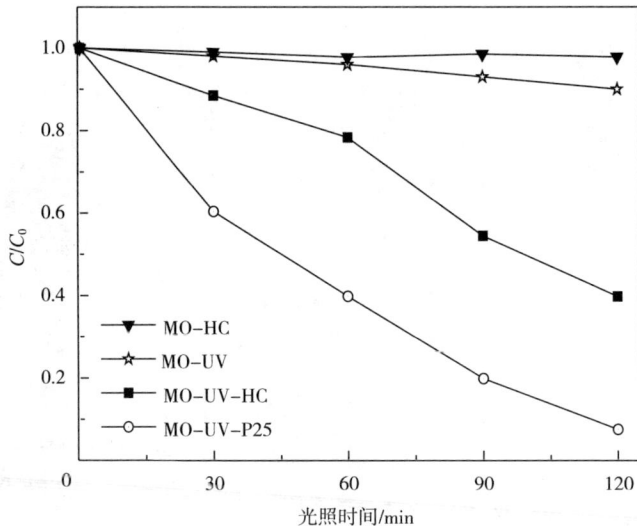

图 2-13　甲基橙降解结果

2.5　杭锦凹凸棒石黏土光催化反应机理推测

　　综合杭锦凹凸棒石黏土的各项表征结果可知，杭锦凹凸棒石黏土是以二氧化硅为主，同时含有 Fe_2O_3、Al_2O_3、TiO_2 等多种半导体材料的天然黏土，XPS 表征结果证明杭锦凹凸棒石黏土中存在类质同象替代现象。杭锦凹凸棒石黏土的光催化活性评价结果表明，在氧气存在的条件下，杭锦凹凸棒石黏土在紫外光照射下对甲基橙溶液有一定的降解作用，但其光降解甲基橙能力要弱于 P25；结合杭锦凹凸棒石黏土的表征结果，对杭锦凹凸棒石黏土的光催化机理做以下分析。

　　基于杭锦凹凸棒石黏土的表征分析结果，在光催化过程中可将杭锦凹凸棒石黏土视为一种天然的含铁 Si—Al 多金属氧化物半导体光催化剂，其中含有很少量的 TiO_2，远小于 Fe_2O_3 的含量，故可将杭锦凹凸棒石黏土视为以 Fe_2O_3 掺杂的半导体 Si—Al 多金属氧化物光催化剂。已有研究表明，将 $\alpha\text{-}Fe_2O_3$

与其他金属氧化物半导体复合能够有效解决光生载流子复合率较高等问题。在杭锦凹凸棒石黏土光催化过程中，当光照射到其表面时，由于 Fe_2O_3 和 Si—Al 氧化物的导带与价带位置的不同，光生电子和空穴能够有效分离，其复合也被有效抑制。与此同时，光生空穴电子的分离能够促进电子向被吸附物质的转移，增加其在光催化反应过程中的参与程度。杭锦凹凸棒石黏土在水溶液中时，会在其表面形成 $Al(OH)^+$ 和 $Fe(OH)^+$，这些基团能够有效捕获光生电子，抑制光生空穴与电子的复合，促进其光催化反应活性。最后，XPS 结果表明，杭锦凹凸棒石黏土中氧化硅及氧化铝的晶体结构有一定的弯曲变形，而晶体结构的弯曲变形能够促进光催化反应过程中光生电子的参与，在一定程度上也能促进杭锦凹凸棒石黏土的光催化性能。由以上分析可知，天然杭锦凹凸棒石黏土的特殊结构使得在光照射到其表面时，光生空穴与电子有效分离，分离后空穴能够氧化杭锦凹凸棒石黏土表面羟基或表面吸附水，形成强氧化性羟基自由基，氧化甲基橙使其降解；而电子则能够与杭锦凹凸棒石黏土表面的吸附氧或反应中通入的氧气反应形成超氧自由基，也可降解甲基橙。

由 UV-vis DRS 分析结果可知，杭锦凹凸棒石黏土的禁带宽度为 3.6eV，说明其只能利用紫外光。为了进一步明确其光催化降解及光解水制氢机理，对杭锦凹凸棒石黏土进行了价带谱分析，样品的谱图如图 2-14 所示，图中记录了 -4~14eV 范围的电子活动强度。做电子基态与首次强度抬升方向延长线的交点（图中两直线的交点），相交于 2.7eV，即为杭锦凹凸棒石黏土实际禁带位置，也意味着其价带顶（valence band maximum，VBM）位置为 2.7eV。结合由 UV-vis DRS 所得禁带宽度，可知其导带底（conduction band minimum，CBM）位于 -0.9eV。据文献报道，$O_2/\cdot O_2^-$ 的氧化还原电位为 -0.33eV，比杭锦凹凸棒石黏土的导带底要更正，更有利于光生电子从杭锦凹凸棒石黏土的导带向 O_2 转移，形成 $\cdot O_2^-$。根据以上分析，将杭锦凹凸棒石黏土在光催化反应过程中的电子转移作图说明，如图 2-15 所示。故而，杭锦凹凸棒石黏土能够作为一种有效的光催化剂。

在杭锦凹凸棒石黏土光降解甲基橙中发现其光催化氧化能力弱于 P25，但

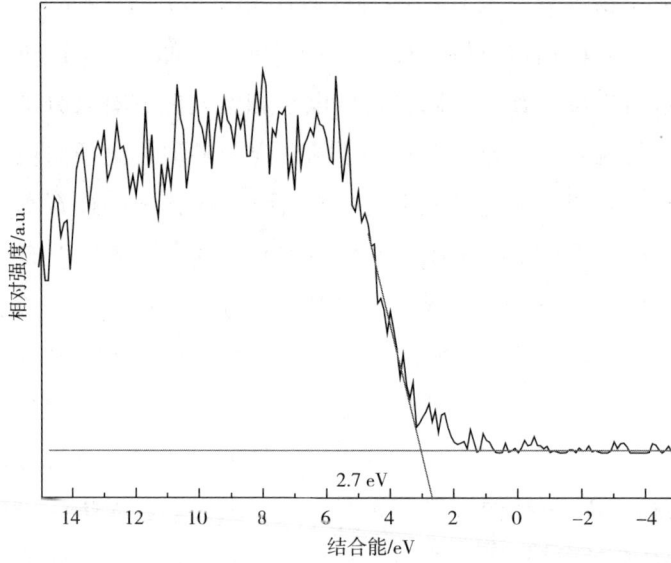

图 2-14　杭锦凹凸棒石黏土的 XPS 价带谱图

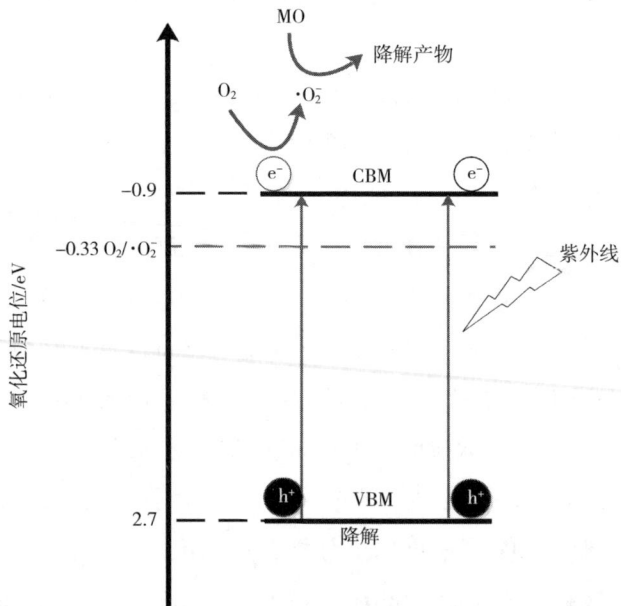

图 2-15　杭锦凹凸棒石黏土在光催化反应中的电子转移过程

还原能力要强于 P25。为此，对杭锦凹凸棒石黏土及 P25 的电子电势进行对比，结果如图 2-16 所示。由图可知，杭锦凹凸棒石黏土的价带顶位于 2.7eV，导带底位于 -0.9eV。P25 价带顶位于 3.0eV，导带底位于 -0.2eV。与杭锦凹凸棒石黏土相比，P25 的价带更正，说明其氧化性能更强，这也解释了为什么 P25 对甲基橙的光降解要好于杭锦凹凸棒石黏土的原因。

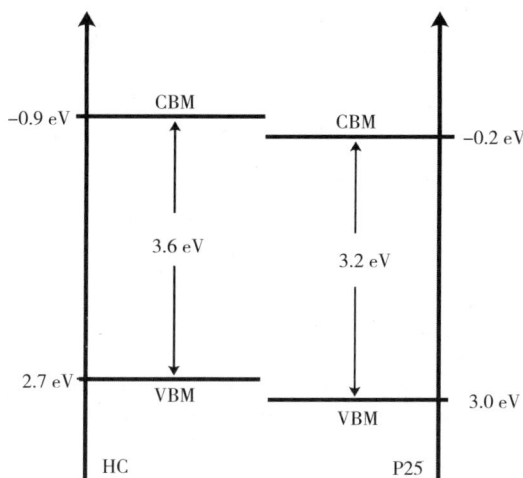

图 2-16　杭锦凹凸棒石黏土与 P25 之间的电子电势对比图

2.6 杭锦凹凸棒石黏土稳定性试验

由上述试验可知，杭锦凹凸棒石黏土在光降解污水方面均表现出一定的催化活性。作为一种合格的光催化剂，稳定性和循环使用率是至关重要的，为此，对杭锦凹凸棒石黏土在光降解污水及光解水制氢试验中的再循环使用性进行了测定。

在光降解污水试验中，每次试验完成后，将降解后的混合溶液离心、分离得到使用后的催化剂，进行处理后再次投入使用。图 2-17 为杭锦凹凸棒石黏土再循环光催化降解 MO 的试验结果，由图可知，经过 5 次循环后，杭锦凹凸棒石黏土对 MO 的降解率依然可达 40% 左右，说明杭锦凹凸棒石黏土是一种较为稳定的光催化剂。但在循环使用过程中，杭锦凹凸棒石黏土的活性逐渐降低，出现这一现象的主要原因有以下两个方面。

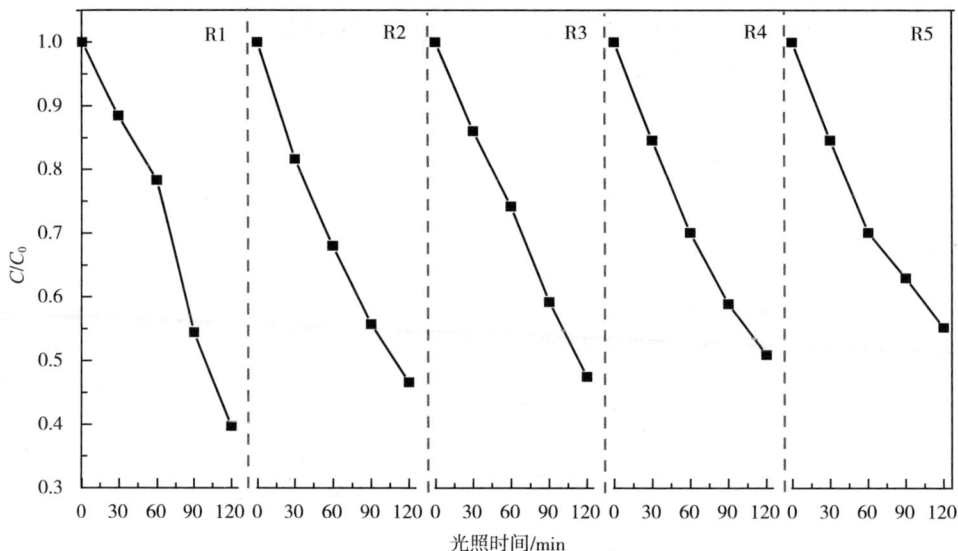

图 2-17　杭锦凹凸棒石黏土降解甲基橙重复性试验

（1）循环过程中 MO 对杭锦凹凸棒石黏土表面活性位点的占据会导致循环次数增多后杭锦凹凸棒石黏土表面活性位点逐渐减少，而光催化氧化过程主要发生在催化剂表面的活性位点处，故而杭锦凹凸棒石黏土的活性会逐渐降低。

（2）在催化降解过程中杭锦凹凸棒石黏土中有部分有利于光催化氧化的游离金属离子溶于反应溶液中，随着循环次数的增加也会导致其光催化活性的降低。

2.7 本章小结

本章选取内蒙古鄂尔多斯市杭锦旗地区的天然黏土杭锦凹凸棒石黏土，

将其应用到光催化过程中，通过一系列手段对其结构和性质进行了表征，并通过光催化降解溶液中的甲基橙对其催化性能进行评价，得出以下结论：

（1）杭锦凹凸棒石黏土是二氧化硅为主，同时含有石英、长石、方解石、坡缕石、绿泥石等矿物质的层状天然黏土。层状结构在光催化过程中能够有效分离矿物表面由光激发所产生的光生电子与光生空穴，对杭锦凹凸棒石黏土的光催化性能有积极的作用。此外，杭锦凹凸棒石黏土中含有较多的 Fe_2O_3，是其呈暗红色的主要原因。同时 Fe_2O_3 是一种极易被光激发产生光生电子—空穴的半导体，能与杭锦凹凸棒石黏土中其他的半导体形成类似于半导体复合的结构，对杭锦凹凸棒石黏土的光催化性能有一定的提升。

（2）杭锦凹凸棒石黏土是以硅氧四面体及铝氧八面体为骨架，且表面富含羟基，羟基与杂质离子之间有一定的相互作用。此外，杭锦凹凸棒石黏土晶体结构中存在一定的类质同象替代现象，对杭锦凹凸棒石黏土的光催化性能有一定的促进作用。

（3）杭锦凹凸棒石黏土的光催化活性评价结果表明，在氧气存在的条件下，杭锦凹凸棒石黏土在紫外光照射下对甲基橙溶液有一定的降解作用；再循环试验表明，在光催化降解过程中，杭锦凹凸棒石黏土均能作为一种稳定的催化剂来使用。

（4）杭锦凹凸棒石黏土在光降解过程中表现出较好的催化活性，主要原因是其半导体能带结构，杭锦凹凸棒石黏土导带底位于 $-0.9eV$，比 $O_2/\cdot O_2^-$（$-0.33eV$）的氧化还原电位更负，有利于光生电子从杭锦凹凸棒石黏土的导带向 O_2 转移，形成 $\cdot O_2^-$。此外，Fe^{3+}/Fe^{2+} 氧化还原电对在一定程度上也促进了其光催化活性。

第3章

酸改性杭锦凹凸棒石黏土光催化降解印染污水性能研究

3.1 凹凸棒石改性方法

天然凹凸棒石含杂质较多，会影响其物理化学性能，对凹凸棒石在工业生产中的应用有较大限制。在实际应用中，常对凹凸棒石进行改性以达到实际应用要求。凹凸棒石主要改性方法如下。

3.1.1 提纯

提纯可去除凹凸棒石晶体通道中的杂质，削弱层间键合力，提高凹凸棒石的吸附性能。提纯可分为干法和湿法。湿法是将原矿粉碎，在分散剂存在或不存在的情况下浸泡、搅拌、离心和干燥，湿法改性凹凸棒石品质较高，但过程复杂、成本较高。干法提纯是指利用空气分级，在空气介质中按照不同粒度和密度进行分级，使凹凸棒石达到分离效果，提高凹凸棒石的品质，工艺简单、成本低，但处理效果有限。

3.1.2 高温改性

高温处理会使凹凸棒石晶体脱水，使其晶体结构变得疏松多孔、比表面积增加；同时，活化凹凸棒晶体的吸附中心，增强凹凸棒石的吸附性。Frini-Srasra 等的研究表明，一定温度下，凹凸棒石的比表面积和孔容随温度的增加而增加。天然凹凸棒石比表面积为 $140 \sim 210 \mathrm{m}^2/\mathrm{g}$，经过高温改性的凹凸棒石比表面积可达 300m²/g。Leboda 等研究表明，在温度为 595℃时改性凹凸棒石，凹凸棒石晶体内部孔道结构会坍塌，但链层结构和基本形态不会发生变化；改性温度高于 800℃时，凹凸棒石内部结构则会产生明显变化。

3.1.3　超声波、微波改性

超声波改性是利用超声波提供的能量破坏凹凸棒石晶格之间微弱的物理吸附力，以得到分散更加均匀的凹凸棒石晶体。超声波改性优点是可使用非水溶液处理凹凸棒石，且常温就可进行，反应时间短，改性完成后，凹凸棒的洗涤更加简单。微波改性与超声波改性的作用类似，但微波改性多与有机改性结合，一方面活化凹凸棒石，另一方面可使有机改性剂和凹凸棒石晶体结合，增强凹凸棒石的吸附能力。

3.1.4　酸活化改性

天然凹凸棒石晶体孔道内含碳酸盐类杂质，其晶体状态、孔道结构呈无规则状态，酸活化改性是凹凸棒石改性常用方法之一。酸改性凹凸棒石多采用硫酸、盐酸、硝酸等强酸或多种无机强酸混合溶液进行。酸改性后，部分八面体和四面体结构消失，但未消失的八面体结构支撑整体结构，而分布于凹凸棒石层间的金属氧化物或无机盐等杂质减少，使凹凸棒石孔结构疏通，活性位点数量增加，有利于吸附质分子的扩散；同时，凹凸棒石层间 K^+、Na^+、Ca^{2+}、Mg^{2+} 等离子可与酸中的 H^+ 发生离子交换转变为可溶性酸盐溶出。因 H^+ 半径小于被置换离子，故凹凸棒石层间晶格裂开，层间距扩大，改性后凹凸棒石的比表面积和吸附能力显著增加。同时，酸改性使凹凸棒石晶格结构中部分 Al_2O_3 和 MgO 溶出，使其比表面积增加，进而对水中污染物进行有效吸附。

酸活化改性凹凸棒石的性质与酸处理时间、酸浓度等因素有关，在一定的范围内，与凹凸棒石晶体结构呈正相关。酸浓度过高，凹凸棒石晶体中八面体近乎完全溶解，凹凸棒石内部失去支撑，引起结构塌陷，导致比表面积下降；酸处理时间过长会使四面体—八面体—四面体结构坍塌。对高岭土进行酸改性过程中发现，酸改性使高岭土骨架结构中部分六配位铝转化为具有酸反应活性的四、五配位铝；并在其表面形成 Lewis 酸与 Brønsted 酸中心；此外，经酸改性后，高岭土的孔径、孔容、比表面积均有所增大，孔分布更加弥散，并形成了部分新的微孔。这些改变均使高岭土在光催化反应中更具应用潜力。

3.1.5　碱改性

凹凸棒石碱改性多使用氢氧化钠溶液进行，碱性溶液中低价阳离子可增加凹凸棒石晶体的表面电荷；且在碱性溶液中，凹凸棒石晶体末端的 Si—O 四面体溶解速度要大于凹凸棒石表面 Mg^{2+}、Al^{3+} 和 Fe^{3+} 的溶解速度，使凹凸棒石中形成无定形态的 MgO 和 FeO_x，使其比表面积小范围增加。Wang 等用氢氧化钠改性凹凸棒石，结果表明，改性后凹凸棒石对甲基蓝的吸附效果高于未改性的凹凸棒石。

3.1.6　有机改性

凹凸棒石在形成过程中存在类质同象置换现象，使其晶体层间产生多余的负电荷。为了保持表面的电中性，晶层间会吸附大半径的阳离子，如 Na^+、K^+、Mg^{2+}、Ca^{2+}、Li^+ 等，这些阳离子以水合的状态出现，使凹凸棒石表现出较好的亲水性。通过有机改性，凹凸棒石的亲油性增加，且会具有无机与有机双重性质。有机改性常使用有机阳离子表面活性剂和有机阴离子表面活性剂，阳离子表面活性剂［十六烷基三甲基溴化铵（CTAB）、二甲基氯化铵（EA）、乙氧基脂胺（ETA）等］可与凹凸棒石层间的 Ca^{2+} 和 Na^+ 等离子发生层间交换以提高凹凸棒石的疏水性能和对有机物的亲和能力。此外，自身体积较大的阳离子表面活性剂进入凹凸棒石层间，可扩大凹凸棒石层间距。但烷基胺盐改性凹凸棒石不耐高温，在200℃左右就会被分解，这一缺点使有机阳离子改性蒙脱土不适用于一些高温处理过程。有机阴离子表面活性剂具有很好的耐热性，但由于凹凸棒石固有负电荷的存在使其难以负载于凹凸棒石表面，只有带正电荷的金属阳离子与有机阴离子形成稳定配合物才能使有机阴离子表面活性剂成功进入凹凸棒石。故目前研究者多采用复合的方式对凹凸棒石进行改性。

3.1.7　生物质改性

生物质改性是将凹凸棒石与生物炭混合制成纳米复合材料。该法条件温和，成本低廉，操作简单。凹凸棒石的加入会使生物炭的孔隙大大增加，且在复合吸附材料的表面出现 Si—O—Si、O—H 和—CH$_2$—等基团。这些基团的出现可与污染物中的部分官能团形成氢键，进而增加有机碳—凹凸棒石对污染物的吸附性能。此外，凹凸棒石与生物炭复合后，含氧官能团的含量增加，而含氧官能团可与有机污染物间形成氢键和络合作用，进而增强对污染物的吸附能力。CHEN 等以蒙脱土和竹粉为原料制备蒙脱土—生物炭复合吸附剂，蒙脱土可作为固体酸催化竹粉炭化并降低反应温度，对水中铵盐和磷酸盐的吸附试验结果表明，两者复合后吸附剂表面吸附位点增多，蒙脱土与生物炭的协同作用使两者的物理吸附和化学吸附性能大大增加。

3.2　酸改性杭锦凹凸棒石黏土的制备

将取自内蒙古鄂尔多斯市杭锦旗地区的原土分散于去离子水中进行浮选、筛分，将筛分好的样品于鼓风干燥箱中 90℃烘干，之后，将烘干的杭锦凹凸棒石黏土过 200 目筛，即得杭锦凹凸棒石黏土（Hangjin 2$^\#$ caly，HC）原土。配置一定浓度的硫酸溶液，将其加热到 90℃后，按固/液比 1∶10（g/mL）加入杭锦凹凸棒石黏土原土，维持 90℃搅拌 3h。然后将悬浮液过滤，滤饼用蒸馏水洗至中性，干燥后得到酸化杭锦凹凸棒石黏土（sulfated Hangjin 2$^\#$ clay，SHC），记为 X% SHC，式中 X% 表示酸浸使用的 H$_2$SO$_4$ 溶液质量浓度。

3.3 酸改性杭锦凹凸棒石黏土基本性质分析

3.3.1 成分分析

使用 PANalytical Empyrean 型 X 射线衍射仪对酸改性前后杭锦凹凸棒石黏土的成分进行分析，测试条件为：Cu－Kα 射线（$\lambda = 0.15406\text{nm}$），管压 40kV，管流 30mA，扫描衍射角度范围：$2\theta = 5° \sim 90°$，扫描速度为 3°/min。图 3-1 为杭锦凹凸棒石黏土与分别使用 5%、10%硫酸处理的杭锦凹凸棒石黏土的 XRD 谱图。由图可知，与杭锦凹凸棒石黏土相比，酸化杭锦凹凸棒石黏土中多个物质的特征衍射峰发生明显变化。其中最为显著的方解石（$2\theta = 29.57°$、$39.53°$，JCPDS，No.03－0612）的衍射峰，随着硫酸浓度的增加，其衍射峰逐渐减弱，在 10%硫酸处理的杭锦凹凸棒石黏土中几乎消失。与此

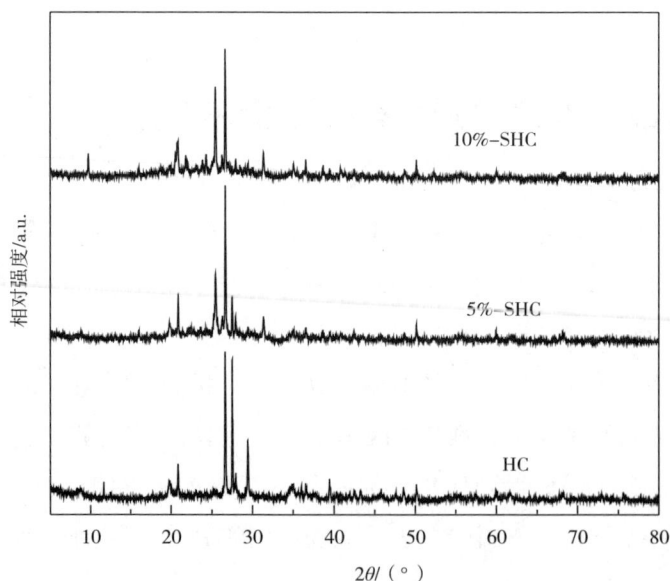

图 3-1　杭锦凹凸棒石黏土及酸化杭锦凹凸棒石黏土的 XRD 分析

同时，在酸化杭锦凹凸棒石黏土中出现了明显的硫酸钙的特征衍射峰，意味着在方解石被溶解的同时，在杭锦凹凸棒石黏土中形成了大量的硫酸钙。而杭锦凹凸棒石黏土中发现 SiO_2（$2\theta = 20.86°$、$26.64°$，JCPDS No. 03-0444）的特征衍射峰强度变化不大，说明酸处理并未对杭锦凹凸棒石黏土的主要结构造成影响。随着酸浓度的增加，杭锦凹凸棒石黏土中长石（$2\theta = 27.52°$，JCPDS，No. 02-0472）的衍射峰强度减弱，意味着杭锦凹凸棒石黏土中部分结构不稳定物质被溶出，杭锦凹凸棒石黏土中部分离子的结合状态发生了变化。

3.3.2　形貌分析

采用 Hitachi S-4800 型扫描电子显微镜的聚焦高能电子束对酸改性杭锦凹凸棒石黏土进行扫描，激发出各种物理相关信息并接收、放大和显示成像，从而得到酸改性杭锦凹凸棒石黏土的宏观结构及微观结构的形态形貌。图3-2为杭锦凹凸棒石黏土及不同浓度硫酸溶液处理得到的酸化杭锦凹凸棒石黏土的扫描电镜照片。由图可知，经过硫酸处理后，杭锦凹凸棒石黏土中层片包裹状大颗粒数量减少，且层片状物质增多，说明硫酸处理改变了杭锦凹凸棒

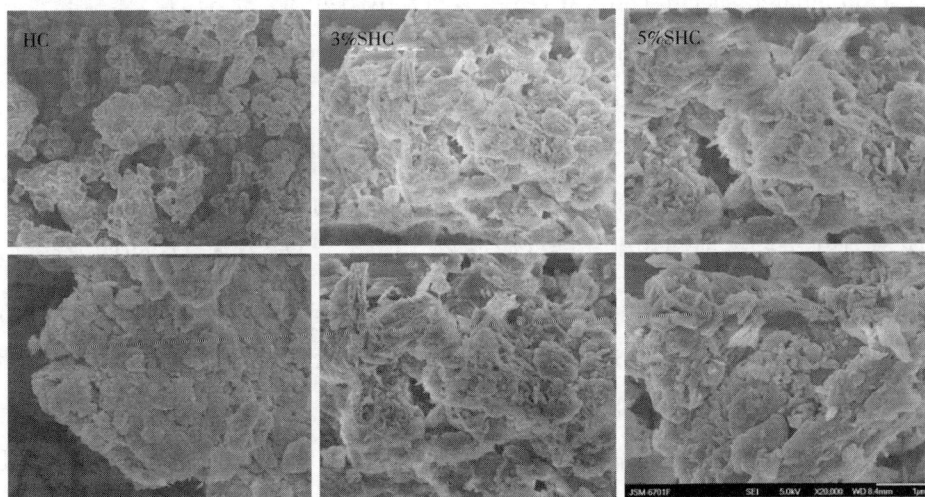

图 3-2　杭锦凹凸棒石黏土及酸化杭锦凹凸棒石黏土的 SEM 照片

石黏土的形貌，使其由包裹型颗粒转变为层片状物质。产生这一现象的原因为硫酸处理使杭锦凹凸棒石黏土层片状间的离子与氢离子发生交换反应，同时，也影响了杭锦凹凸棒石黏土中的以硅氧四面体为主的晶型结构。但对比3%与5%硫酸溶液处理得到的酸化杭锦凹凸棒石黏土发现，酸浓度的增加并未对杭锦凹凸棒石黏土层片结构产生明显影响，说明酸处理并未对杭锦凹凸棒石黏土的主要形貌产生重大影响。

3.3.3 结构分析

利用 Thermo Nicolet NEXUS 型傅里叶变换红外光谱仪对酸改性前后杭锦凹凸棒石黏土的结构进行分析，样品与溴化钾（KBr）混合压片进行测定，扫描次数为4，分辨率为 $4cm^{-1}$。样品表面酸性测定采用吡啶—红外光谱，将样品和吡啶分别放入表面皿并转移至装有干燥剂的密闭可抽真空系统中，密封，抽真空至真空度达到 0.1MPa，保持该真空度 24h，使样品在表面酸性位被吡啶充分占据。24h 后，打开出气阀，让吡啶脱附，取出样品，再按红外透射光谱试验方法得到相应的红外光谱图。

图 3-3 为不同浓度硫酸处理后杭锦凹凸棒石黏土的红外光谱（fourier transform infrared spectroscopy，FTIR）谱图。由图可知，杭锦凹凸棒石黏土在高波数范围内有三个明显的吸收峰，$3620cm^{-1}$ 处是硅氧四面体与铝氧八面体层间羟基的吸收峰；$3541cm^{-1}$ 处为八面体结构中羟基的伸缩振动吸收峰；$3430cm^{-1}$ 处为杭锦凹凸棒石黏土表面物理吸附水的伸缩振动吸收峰。$1638cm^{-1}$ 处为杭锦凹凸棒石黏土表面物理吸附水的弯曲振动。$1450cm^{-1}$ 处为杭锦凹凸棒石黏土中方解石即碳酸钙的特征吸收峰。$1030cm^{-1}$ 处为 Si—O 的伸缩振动，$520cm^{-1}$ 处为 Si—O—Si 的弯曲振动，$470cm^{-1}$ 处为 Si—O—Al 的弯曲振动，$799cm^{-1}$ 处同样为 Si—O—Si 的振动强吸收峰。经硫酸处理后，发现杭锦凹凸棒石黏土中的羟基有明显变化，随着酸浓度的增加，羟基的特征峰完全消失。此外，随着酸处理浓度的增加，杭锦凹凸棒石黏土中 $1450cm^{-1}$ 处方解石特征峰完全消失，而在 $1060cm^{-1}$ 和 $1120cm^{-1}$ 处出现了新的特征峰，为酸处理后出现的硫酸钙的特征峰。除此之外，杭锦凹凸棒石黏土的 FTIR 谱图中其他官能

团的特征峰均未有明显变化。

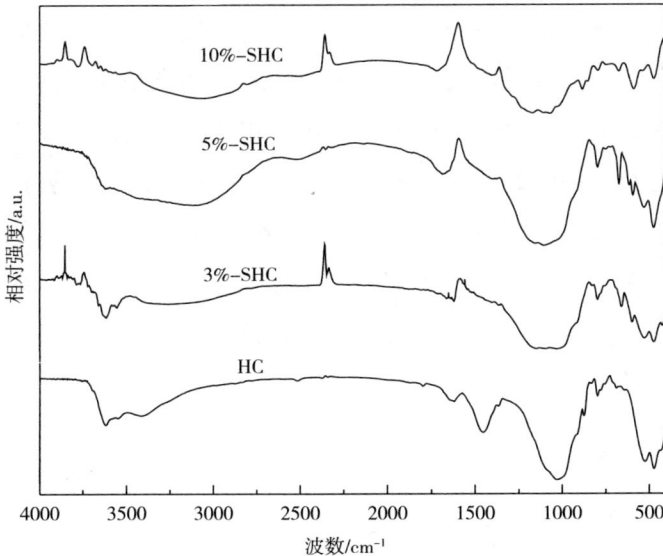

图 3-3　杭锦凹凸棒石黏土及酸化杭锦凹凸棒石黏土的 FTIR 谱图

由 XRD 及 FTIR 分析可知，酸处理对杭锦凹凸棒石黏土的主要骨架结构及表面官能团的影响不是很大，其中，作为主要成分的 SiO_2 骨架结构并未遭到破坏。由 SEM 分析可知，酸处理对杭锦凹凸棒石黏土的形貌几乎没有产生影响。杭锦凹凸棒石黏土在光催化反应中对反应起主导作用的是 SiO_2 中存在的类质同相替代所引起的部分骨架结构的畸变，以及杭锦凹凸棒石黏土中存在的其他半导体材料，如 Fe_2O_3、TiO_2 等。而上述分析说明，酸处理并未对杭锦凹凸棒石黏土的主要成分 SiO_2 产生影响，故而表征结果部分将重点讨论酸处理对杭锦凹凸棒石黏土吸光性能及杭锦凹凸棒石黏土中 Fe_2O_3 价态的影响。

3.3.4　吸光性能分析

采用配置了积分球附件的日本岛津公司 UV-3600PC 型紫外—可见漫反射吸收光谱仪（ultraviolet-visible diffuse reflectance spectra，UV-vis DRS）对样品的吸光性能进行分析，以 $BaSO_4$ 粉末作为参比。光谱范围为 200~900nm，采样间隔 0.5，狭缝宽度 5.0nm。图 3-4 所示为不同浓度的酸溶液处理后杭锦凹凸棒石黏土的 UV-vis DRS 谱图。由图可知，随着酸处理浓度的增加，杭锦凹凸棒石黏土在 250nm 处由 Fe_2O_3 中 Fe^{3+} 与 $\cdot O_2^-$、OH^- 或 $\cdot OH_2$ 之间的电子转移所形成的特征峰强度逐渐增强；而 300~600nm 处由杂质离子将杭锦凹凸棒石黏土晶体构架中的离子取代所形成的类质同相替代结构的特征峰强度则逐渐减弱。以上分析说明酸处理使杭锦凹凸棒石黏土中类质同相替代结构部分破坏，使杭锦凹凸棒石黏土中对光催化有重要作用的 Fe_2O_3 暴露于表面，与酸化杭锦凹凸棒石黏土中 SiO_2 形成类似复合半导体的结构。在光照射下，被激发所产生的光生电子与空穴会在 Fe_2O_3 与 SiO_2 之间转移，提高酸化杭锦凹凸棒石黏土的光催化活性。

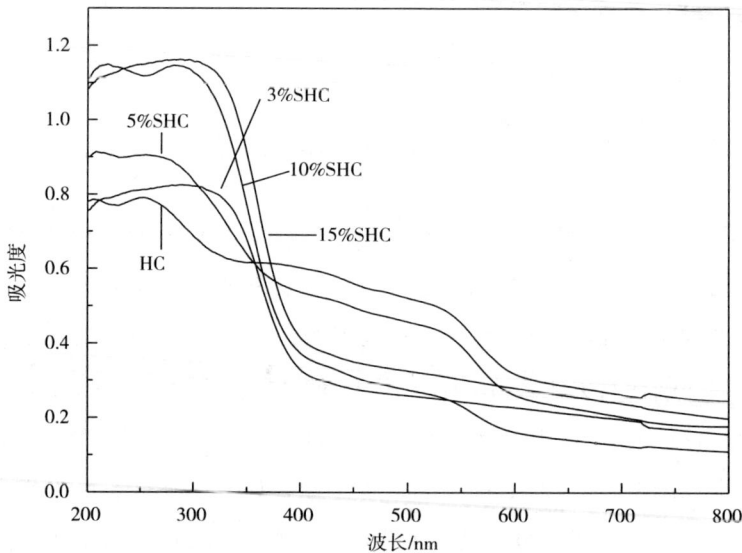

图 3-4　酸化杭锦凹凸棒石黏土的 UV-vis DRS 谱图

3.3.5　表面酸性分析

吡啶（pyridine，py）是一种有效辨别催化剂表面酸种类的物质。吡啶与催化剂表面的 Lewis 酸（L 酸）反应，在红外光谱测试中会于 1450cm^{-1} 左右出现明显的特征峰，而吡啶与 Brønsted 酸（B 酸）反应，在红外光谱测试中会于 1540cm⁻¹ 左右出现明显的特征峰。图 3-5 所示为酸化杭锦凹凸棒石黏土的 py-FTIR 谱图。在酸化杭锦凹凸棒石黏土表面同时出现了 L 酸与 B 酸。

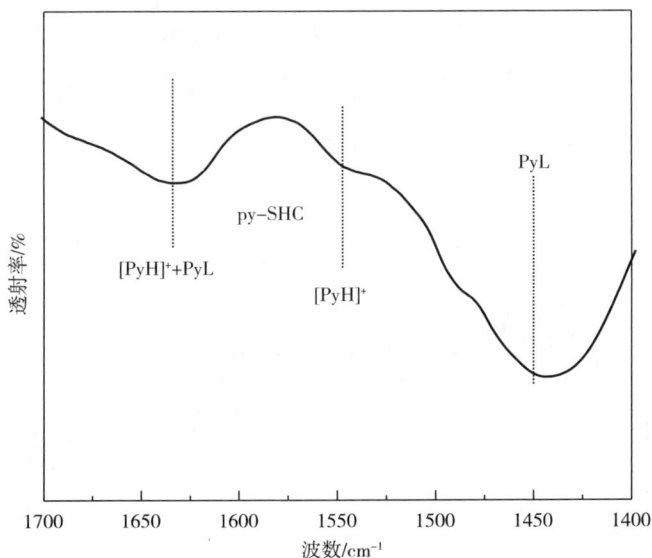

图 3-5　酸化杭锦凹凸棒石黏土 py-FTIR 谱图

3.3.6　元素组成和化学状态分析

使用 PHI5000 Versa Probe 型 X 射线光谱仪［射线源为 Al-Kα X 射线（1486.6eV）］对杭锦凹凸棒石黏土的元素组成、化学态、电子态以及价带结构（XPS 价带谱）进行观察与分析。X 射线光电子能谱中所有的数据参照 C 1s 峰值（284.8eV）进行校正，对表面荷电效应进行补偿，使用 XPSPEAK v4.1 软件对 XPS 高分辨谱图进行分峰拟合。

由 UV-vis DRS 分析结果可知，酸化后，杭锦凹凸棒石黏土中的 Fe_2O_3 更多地暴露于表面。为了进一步确认硫酸处理对杭锦凹凸棒石黏土中 Fe_2O_3 的影响，对杭锦凹凸棒石黏土及酸化杭锦凹凸棒石黏土中 Fe_2O_3 的 Fe 2p 进行 XPS 精细谱图分析，结果如图 3-6 所示。由图可知，在杭锦凹凸棒石黏土中，

Fe 2p位于710.83eV 及724.32eV 处，对应于 Fe_2O_3 中 Fe^{3+} 的两个特征峰，而在酸化杭锦凹凸棒石黏土中，Fe 2p的 XPS 谱图在 713.02eV、711.32eV 及715.47eV 处出现了三个峰，说明酸化后杭锦凹凸棒石黏土中 Fe 元素的存在形式由 Fe^{3+} 单独存在转变为 Fe^{2+} 和 Fe^{3+} 共存，其中，713.02eV、711.32eV 处为 Fe^{3+} 的特征峰，715.48eV 处为 Fe^{2+} 的特征峰。在光催化反应过程中，催化剂表面氧化还原电对的存在对促进反应活性有重要作用，氧化还原电对之间的循环能够消耗光生电子，抑制其与光生空穴之间的复合，进而提升光催化剂的催化活性。

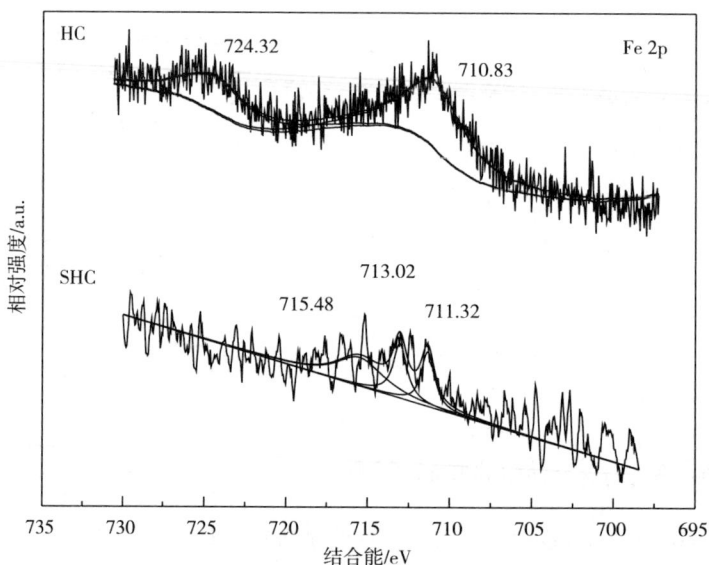

图 3-6　杭锦凹凸棒石黏土及酸化杭锦凹凸棒石黏土的 Fe 2p XPS 谱图

3.3.7　光致发光性能分析

荧光作用是指物质吸收光子或者电磁波以后至激发态，然后重新辐射出光子或者电磁波至基态的过程。荧光光谱可以用于测试半导体材料光生空穴与光生电子的复合率。采用 Shimadzu RF-5301PC 荧光分光光度计，激发光源波长280nm，激发（excitation）和发射（emission）狭缝宽度（slit width）均为 10nm。光致发光光谱（photoluminescence，PL）是可用于测试样品光生空穴与光生电子复合率的表征方法，测试谱图中样品的峰强度越强，意味着样品的光生空穴与电子的复合率越高。

为测试酸处理后杭锦凹凸棒石黏土的光生空穴与电子的复合率，对样品 1%SHC、3%SHC、5%SHC、10%SHC、15%SHC 进行 PL 表征分析，测试结果如图 3-7 所示。由图可知，在 280nm 波长激发下，在不同波长处显示出不同的辐射光谱峰，这些峰也表明光催化剂表面存在不同的捕获位。根据前文酸化杭锦凹凸棒石黏土的 UV-vis DRS 表征结果，图谱中位于短波长的高能谱峰为酸化杭锦凹凸棒石黏土中 Fe_2O_3 的带边辐射发光，而位于长波长的低能光谱峰为杭锦凹凸棒石黏土中类质同相替代结构所引起的。从 PL 光谱中还可看到，五个样品显示出不同的峰强度，其由小到大的顺序为：10%SHC<15%SHC<3%SHC<5%SHC<1%SHC。10%SHC 的 PL 峰强度最低，表明 10%SHC 样品的光生空穴与电子的复合率最小，10%硫酸处理能够最为有效地抑制杭锦凹凸棒石黏土中光生空穴与电子的复合。这个显著的抑制效果可归因于以下几点。首先，酸化杭锦凹凸棒石黏土表面为 Fe^{2+} 和 Fe^{3+} 共存，该氧化还原

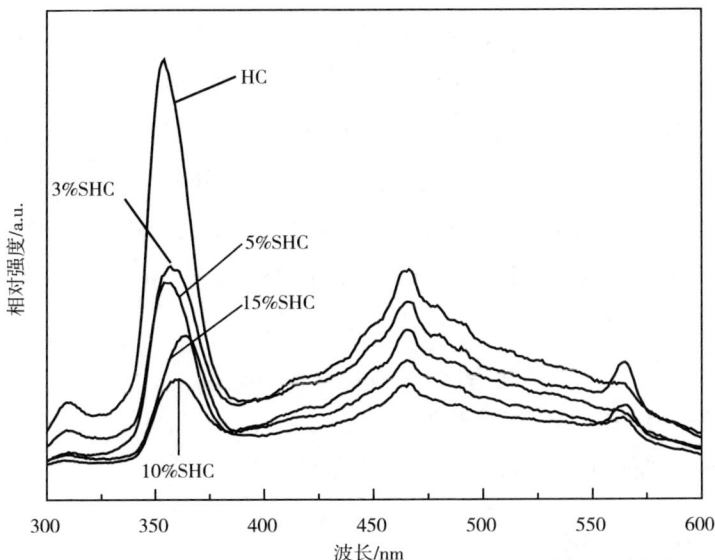

图 3-7　酸化杭锦凹凸棒石黏土的光致发光光谱图

电对的存在能够捕获光生电子，有效抑制光生空穴、电子的复合。其次，酸处理后杭锦凹凸棒石黏土中的类质同相结构被进一步破坏，形成更多的缺陷，适量的缺陷能够有效分离光生空穴与光生电子，而过多的表面缺陷将成为载流子的复合中心，从而引起复合率的增加，这也解释了15%SHC的PL峰强要高于10%SHC。此外，py-FTIR结果表明，酸化杭锦凹凸棒石黏土表面存在L酸与B酸中心，L酸中心能够捕获光生电子，而B酸中心会捕获光生空穴，这同样能够促进酸化杭锦凹凸棒石黏土中光生空穴与光生电子的有效分离。因此，浓度适中的硫酸溶液（10%）处理杭锦凹凸棒石黏土能有效促进其光生空穴与光生电子的分离。

3.4 酸改性杭锦凹凸棒石黏土光催化降解印染污水性能评价

3.4.1 评价方式

酸化杭锦凹凸棒石黏土的光催化氧化性能通过LED灯光照降解甲基橙溶液（methyl orange，MO）来评价，LED光源功率为20 W，主波长为365nm。将0.1 g酸化杭锦凹凸棒石黏土加到50mL初始浓度为40mg/L的MO溶液中，搅拌至吸附平衡后，开灯进行光催化降解反应。每隔30min取样，使用微孔滤膜（孔径为0.22μm）滤去催化剂颗粒后，用TU1901型分光光度计在464nm处（甲基橙特征吸收峰）测量溶液的吸光度，MO的降解效率η由下式计算。

$$\eta = (C_0-C)/C_0\times100\%$$

式中：C_0——光照前MO溶液的吸光度；

C——光照任一时间后MO溶液的吸光度。

3.4.2 评价结果分析

图3-8为不同浓度硫酸处理后杭锦凹凸棒石黏土光降解甲基橙溶液的降

解结果。由图可知，初始 60min 的暗环境中，甲基橙建立了吸、脱附平衡。在吸、脱附平衡阶段，1%SHC 对甲基橙的吸附几乎可忽略不计。增加酸处理浓度后，甲基橙的被吸附率增加，但 3%～15%SHC 对甲基橙的吸附性能影响相差不大，均为 18%左右。在随后的光降解阶段，随着酸浓度的增加，酸化杭锦凹凸棒石黏土的活性增强，当酸处理浓度为 10%时，得到的酸化杭锦凹凸棒石黏土活性最好，270min 内能将 50mL 40mg/L 的甲基橙溶液完全降解，继续增加酸浓度则反应活性降低。

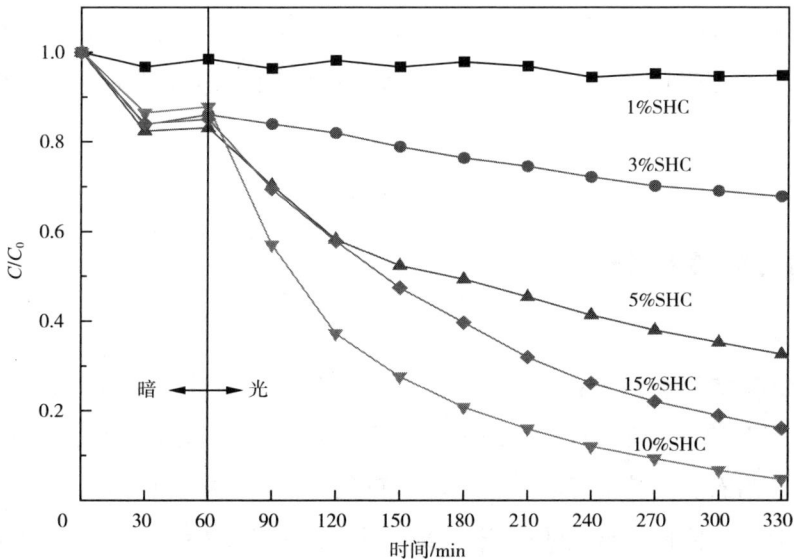

图 3-8　甲基橙溶液降解结果

3.5　酸改性杭锦凹凸棒石黏土光催化机理分析

由第 2 章可知，当光照射到杭锦凹凸棒石黏土表面时，由于 Fe_2O_3 禁带宽度较窄，首先被激发，使其发生电子跃迁。光生空穴留在 Fe_2O_3 的价带，光生电子则转移到 Si—Al 氧化物的导带，光生电子和空穴能够有效分离，其复合也被有效抑制。与此同时，光生空穴与电子的分离能够促进电子向被吸附物质的转移，增加其在光催化反应过程中的参与程度。在酸化杭锦凹凸棒石黏土中，酸处理使杭锦凹凸棒石黏土中的 Fe_2O_3 进一步暴露于样品表面，大大增加了 Fe_2O_3 接收光子的能力。同时，Fe_2O_3 掺杂 Si—Al 氧化物的结构也更为明显，显而易见，其光催化能力会进一步加强。此外，由酸化杭锦凹凸棒石黏土的吡啶红外分析可知，酸化杭锦凹凸棒石黏土表面存在 B 酸与 L 酸中心。在光催化降解甲基橙的过程中，L 酸能够作为电子受体夺取光生电子，且酸化杭锦凹凸棒石黏土表面的 Fe^{2+} 和 Fe^{3+} 也能夺取光生电子，两者均能抑制光生载流子的复合。在光生空穴与电子有效分离后，空穴能够氧化氢氧根离子形成氧化性更强的羟基自由基，增强酸化杭锦凹凸棒石黏土的光催化氧化性能。

3.6 本章小结

选择硫酸对杭锦凹凸棒石黏土进行改性处理，通过一系列测试手段对杭锦凹凸棒石黏土进行表征。XRD 结果表明，经硫酸处理后，杭锦凹凸棒石黏土中的方解石相的特征峰消失，出现了硫酸钙的特征峰。FTIR 结果同样证明了这一现象，除此之外，还发现硫酸处理使杭锦凹凸棒石黏土表面的羟基特征峰强度减弱。UV-vis DRS 分析结果表明，硫酸处理使杭锦凹凸棒石黏土中 Fe_2O_3 更多暴露于表面，而杭锦凹凸棒石黏土中类质同相结构则部分遭到破坏。PL 表征结果表明，10%SHC 样品的光生空穴与电子的复合率最小，10% 硫酸处理能够最为有效地抑制杭锦凹凸棒石黏土中光生空穴与电子的复合。XPS 分析结果表明，经过硫酸处理后，杭锦凹凸棒石黏土中 Fe 元素的存在形式由 Fe^{3+} 单独存在转变为 Fe^{2+} 和 Fe^{3+} 共存。酸化杭锦凹凸棒石黏土应用于光催化氧化、还原过程则表明，10% 硫酸溶液处理得到的酸化杭锦凹凸棒石黏土光催化活性最好，270min 内能将 50mL 40mg/L 的甲基橙溶液完全降解。

第4章

TiO₂/杭锦凹凸棒石黏土的制备及其光催化降解印染污水性能研究

4.1 TiO₂改性方法

　　TiO_2光催化剂在环境领域的实际应用还处在理论探索阶段，并未实现大规模的产业化。为使其实用化、工业化甚至产业化，众多研究者在TiO_2光能化学转换、光化学合成、光催化降解污染物、界面的光诱导亲水和自清洁材料的合成等方面进行了大量研究。然而，TiO_2光催化技术存在以下几个问题，限制了其在催化应用方面的发展。一是较高的光生电子和光生空穴复合率，TiO_2晶体中光生电子和光生空穴的生成是光催化反应能够进行的基础，但TiO_2晶体中光生载流子的存在时间很短，大量存在光生电子和光生空穴复合的现象，有效光生载流子较少，光量子效率较低，限制了TiO_2的光催化活性；二是较宽的禁带宽度，TiO_2的禁带宽度为 3.2eV，仅能响应紫外光（被紫外光激发），对太阳能利用率较低；三是光催化剂固化困难，TiO_2光催化剂在反应完成后悬浮于溶液体系中，回收困难，重复利用率较低，如何使其固化并从溶液体系中有效分离是需要解决的问题。已有研究表明，离子掺杂、表面贵金属沉积、半导体复合、超强酸化和负载等方法都能有效地提高TiO_2对光的吸收性能、稳态光降解量子效率及光催化效能。

4.1.1　离子掺杂

　　离子掺杂是利用物理或化学方法，将离子引入TiO_2晶格结构内部，从而在其晶格中引入新电荷、形成缺陷或改变 TiO_2 的能带结构，影响光生空穴和电子的复合，最终促使 TiO_2 的光催化性能发生改变。用来掺杂修饰 TiO_2 的离子主要有金属离子、非金属离子。金属离子掺杂作用的主要机理是在原有半导体的禁带之上或者导带之下产生新的杂质能级，使原本的宽带半导体禁带宽度减小，从而对可见光产生响应，在可见光下激发进行光催化作用，即将原本的宽带半导体间接转变成窄带半导体。非金属离子掺杂的原理是半导体的原有晶格内掺杂进非金属离子后，并没有新的杂质能级的产生，而是原有的半导体禁带上移，原有的禁带宽度减小。对于掺杂前禁带宽度为宽带的半导体，掺杂后宽带就很有可能变成窄带，对可见光有了响应。

4.1.2　表面贵金属沉积

贵金属修饰 TiO_2，主要是通过改变体系中的电子分布（载流子的重新分布），从而影响 TiO_2 的表面性质，进而改善其光催化活性。一般来说，沉积的贵金属的功函数（Φ_m）高于 TiO_2 的功函数（Φ_s），当两种材料结合在一起时，电子就会不断地从 TiO_2 向沉积的贵金属迁移，一直到二者的费米（Fermi）能级相等为止。二者之间交界界面处形成的空间电荷层中，贵金属表面将获得多余的负电荷，TiO_2 表面上负电荷完全消失，从而极大地提高了光生电子运输到吸附氧的速率，形成肖特基（Schottky）能垒，成为捕获激发电子的有效陷阱，光生载流子被分离，从而抑制光生电子和光生空穴的复合。贵金属的离子半径比较大，无法进入 TiO_2 晶格，但可以通过浸渍还原、表面溅射等方法在 TiO_2 光催化剂表面沉积贵金属，使贵金属粒子形成原子簇沉积在 TiO_2 表面。其原理如图 4-1 所示。

4.1.3　半导体复合

半导体复合催化剂一般是由两种能带匹配的半导体组成。其中至少有一种为可见光响应的半导体催化剂，可见光下激发电子会高效地迁移到与之复合的另一种半导体的导带上，从而减小了光生电子和空穴的复合概率，提高光催化速率和光量子产率。半导体复合是提高 TiO_2 光催化性能的一种有效手

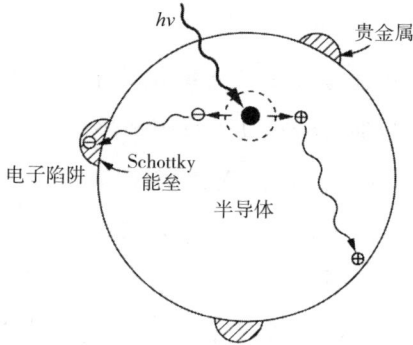

图 4-1　贵金属改性的二氧化钛

段。由一种与 TiO_2 禁带宽度不同的半导体进行复合，由于不同半导体的价带、导带和带隙不一致而发生交叠，从而有利于实现光生电子和空穴的有效分离，抑制两者的复合，提高 TiO_2 光量子产率和光催化效率，扩展 TiO_2 的光谱响应范围。CdS—TiO_2 体系为一种典型的半导体复合体系，图 4-2 为 CdS—TiO_2 复合体系在光激发下的电子跃迁图。当激发光源的能量足够强时，TiO_2 和 CdS 同时发生带间跃迁。由于体系中两种半导体的导带和价带能级的差异，光生电子聚集在 TiO_2 的导带，而空穴则集中在 CdS 的价带上，光生载流子发生分离，提高了量子效率 [图 4-2 (a)]。然而，当激发光源能量较小（500～760nm）时，TiO_2 本身未被激发，只有 CdS 被激发发生带间跃迁 [图 4-2 (b)]，CdS 中产生的激发光生电子运输至 TiO_2 导带，而激发的光生空穴则留在 CdS 价带中，因此，拓宽了 TiO_2 光催化剂的吸收波长，可以响应可见光。

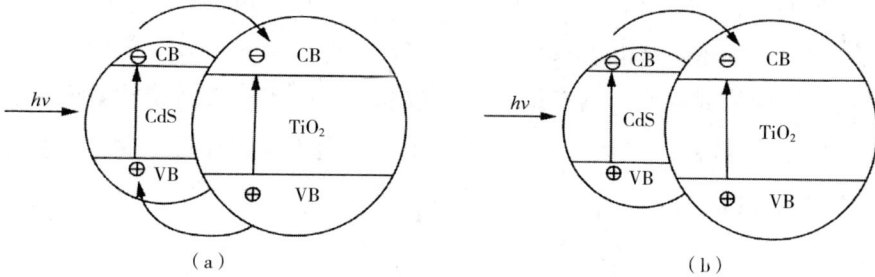

图 4-2　CdS—TiO_2 复合半导体的光激发过程

4.1.4　超强酸化

增强光催化剂表面酸性是提高其光催化效率的有效途径。以常用光催化剂 TiO_2 为例，使用无机强酸硫酸对其进行超强酸化。一方面，经硫酸酸化后，TiO_2 结构明显改善，酸化抑制 TiO_2 由锐钛矿型向金红石型转变，使其比表面积增大，晶粒度变小，导致 TiO_2 禁带宽度增加，光生空穴和电子的氧化还原能力增强，且硫酸会使 TiO_2 面缺陷位增加，对氧气的吸附能力增强，有效降低光生电子和空穴的复合率，达到提高光催化量子效率的目的；另一方面，硫酸根/TiO_2 超强酸催化剂表面受硫酸根诱导生成的相邻 Lewis 酸和 Brønsted 酸中心会形成具有协同作用的超强酸中心，其具有可逆吸附水的性能，且协同作用会显著增强催化剂表面酸性，增大表面酸量及氧气吸附量，促进 TiO_2 光生电子和空穴的分离及界面电荷转移，提高电子—空穴对的寿命，使 TiO_2 表现出较好的光催化氧化活性和稳定性。

4.1.5　催化剂负载

TiO_2 光催化剂常用于溶液体系，反应完成后回收困难，循环利用率较低，使得 TiO_2 光催化技术难以得到实际应用，故将 TiO_2 负载于载体提升其循环利用能力，对其实现大规模应用具有重要意义。已有研究表明，将 TiO_2 浸渍、烧结或沉淀附着在多孔陶瓷、活性炭、沸石、天然矿物等表面，不仅能够解决 TiO_2 回收困难的问题，这些载体还能够明显提升 TiO_2 的光催化活性。载体可看作是对 TiO_2 的修饰物，在提升 TiO_2 比表面积、增强其吸附性的同时，能够当作光生电子的受体，有效分离 TiO_2 光激发下产生的光生电子与空穴。在众多载体中，天然矿物由于具有价廉易得、二次污染小等特点受到人们的重视，用其作催化剂载体，具有投资少、效果好等优点。天然矿物是含铝、镁等元素为主的硅酸盐矿物，主要是蒙脱土、膨润土、累托石等黏土矿物以及有机物的混合物。

4.2 负载型 TiO_2 光催化剂制备方法

负载型光催化剂的制备主要采用物理负载和化学负载两种方式，得到两种形式的催化剂，一种为载体表面均匀分布一层连续的 TiO_2 薄膜，另一种为载体上分布有 TiO_2 粉末。

4.2.1 物理负载法

物理负载法通常是将已制成的 TiO_2 粉末固定于载体，简单易行。物理负载法主要有粉体烧结法、热/胶黏法和固相反应法。

（1）粉体烧结法。粉体烧结是较早使用的负载方法，制备过程中，将纳米粉体分散于水或其他溶剂后浸渍载体，将负载纳米粉体催化剂的载体于常温或 100℃ 左右烘干后再经 500℃ 左右焙烧即得产物。此法操作简单，可保持良好的光催化性能，但 TiO_2 粉末与载体间以范德瓦耳斯力结合，牢固性较差，分布不均匀。

（2）热/胶黏法。热/胶黏法是将 TiO_2 粉末通过偶联剂与载体黏合，适用于稳定性较差、不能进行高温焙烧的载体。制备过程采用加热或用黏合剂，将分散均匀的悬浮态 TiO_2 粉末喷涂于载体上成膜，或将颗粒状的载体、TiO_2 粉末与偶联剂进行共搅或加热回流。此法工艺简单，对载体性质要求不高，牢固性较强，但偶联剂多为有机物，故该法制得的光催化剂催化活性不强，且长期使用 TiO_2 粉末会脱落。

（3）固相反应法。固相反应法一般是利用研磨过程的剪切、摩擦以及机械力化学作用，使固体颗粒结构受到破坏导致破碎，体积减小，使反应系统内部的总自由能增加而使体系被活化，进而将 TiO_2 负载于多孔矿物。

4.2.2 化学负载法

化学法制备负载型 TiO_2 光催化剂常采用的方法有溶胶—凝胶法、离子交换法、液相沉积法、交联法、溅射法等。

（1）溶胶—凝胶法。溶胶—凝胶法是常见的制备负载型 TiO_2 催化剂的方法。常以钛的无机盐类（如 $TiCl_4$）或钛酸酯类［如 $Ti(OC_4H_9)_4$］作为前驱物，将其溶于低碳醇中，于室温下加到酸性水溶液中，发生强烈水解形成溶胶后，采用浸渍法将溶液附于载体，再经热处理即可得到负载型 TiO_2 催化剂。溶胶—凝胶法形成的光催化剂粒径分布集中、比表面积较大、分布均匀、结合牢固，通过控制热处理温度可得到所需晶相的 TiO_2。

溶胶—凝胶法的反应机理为醇盐在水中水解，生成含有金属氢氧化物粒子的溶胶液，并发生缩聚反应，随着反应的进行变成整体的凝胶。

$$nTi(OR)_4 + 4nH_2O \longrightarrow nTi(OH)_4 + 4ROH$$

生成的 $Ti(OH)_4$ 可发生聚合反应，形成 Ti—O—Ti 键接的 TiO_2 固体：

$$nTi(OH)_4 \longrightarrow nTiO_2 + 2nH_2O$$

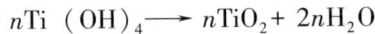

（2）离子交换法。离子交换法主要用于具有阳离子交换功能的载体负载 TiO_2。载体中的易溶离子如 K^+、Na^+ 和 NH_4^+ 等可与易溶钛盐类如 $(NH_4)_2TiO(C_2O_4)_2H_2O$ 中的 TiO_2、$TiCl_4$ 中 Ti（Ⅲ）或与带正电的 TiO_2 溶胶粒子直接发生离子交换，再经煅烧或在潮湿空气中暴露水解可得。此法可以通过选择载体内微孔孔径的大小来控制 TiO_2 粒子尺寸大小，以获得较高光催化活性。

（3）液相沉积法。液相沉积法的制备过程是将硫酸氧钛（$TiOSO_4$）、四氯化钛（$TiCl_4$）等无机钛盐溶解在酸性溶液中，加入多孔矿物搅拌混匀，然后在氨水、$(NH_3)_2CO_3$、NaOH 等碱性物质的调节下水解，钛盐会以水合氧化钛沉淀的方式负载于矿物表面，后续经洗涤和过滤可得到负载粉体，然后进一步干燥和煅烧后即可得到多孔矿物负载纳米 TiO_2 复合材料。还有研究者利用水溶液中氟的金属配离子和金属氧化物之间的化学平衡反应，将金属氧化物沉积到浸渍在反应液中的底物上制备负载型 TiO_2 催化剂。此法的特点是室温下只要用普通的设备就可将 TiO_2 膜沉积在大比表面积和各种形状的底物上，TiO_2 膜的厚度和晶相可控，但不易得到纯的 TiO_2 膜。

（4）交联法。交联法主要以高岭石、蒙脱石、伊利石等具有层状结构的天然硅酸盐黏土矿物为载体制备负载型 TiO_2 催化剂。层状结构硅酸盐矿物由硅氧四面体片层和铝氧八面体片层构成，在形成过程中会存在类质同象替代现象，使晶体层间产生多余的负电荷。为了保持表面的电中性，晶层间吸附了大半径的阳离子如 Na^+、K^+、Mg^{2+}、Ca^{2+}、Li^+，这些阳离子以水合的状态出现，具有阳离子交换性能。交联法制备负载型 TiO_2 催化剂是利用天然矿物的阳离子可交换性，将含 Ti 有机或无机物中的 Ti 离子与层间阳离子进行交换。加热处理时，这些无机的高聚或低聚阳离子形成金属氧化物柱，使黏土层被撑开。首先，在天然矿物层间引入 TiO_2 后，天然矿物可固定 TiO_2 并有效抑制 TiO_2 晶型转变和晶粒尺寸增长；其次，天然矿物可降低 TiO_2 禁带宽度，使激发 TiO_2 产生光生电子（e^-）和空穴（h^+）所需能量减小；最后，天然矿物可抑制 TiO_2 中 e^- 和 h^+ 的复合，进而提升其光催化性能。

（5）溅射法。溅射法是将 TiO_2 前驱体或 TiO_2 颗粒通过物理方法，使之高速轰击基材，在基材表面发生物理化学反应，从而使 TiO_2 和基材结合。溅射常使用离子束团束法，等离子体中的高能电子可打破化学键，可降低基片温度。溅射法较易调整制备条件，易于控制薄膜的结构和性质。

（6）其他方法。化学负载法还包括电泳沉积法、分子吸附沉积法、气相沉积法、阳极氧化水解法和水热合成法等。相比而言，溶胶—凝胶法因工艺简单，所得负载型光催化剂活性高，适应性强等优点，得到广泛的应用。

4.3　TiO₂∕杭锦凹凸棒石黏土的制备

将杭锦凹凸棒石黏土放入 60 目的筛中，筛分的颗粒过 80 目筛，选择筛余的颗粒作为载体。冰水浴条件下，将 $TiCl_4$ 以一定的速度滴加到装有一定浓度 100mL 盐酸水溶液的三口烧瓶中，边滴加边搅拌，滴加完毕后，继续搅拌 30min。然后将透明溶液加热，升温到 80℃，将 10 g 杭锦土加入上述溶液中，搅拌 2h，静置 2h。将 100mL 蒸馏水缓慢滴加到三口烧瓶中，滴加完毕后，搅拌 4h。反应完全后，静置陈化 18h。抽滤，烘干，煅烧，即得 TiO_2∕杭锦凹凸棒石黏土催化剂。具体流程如图 4-3 所示。

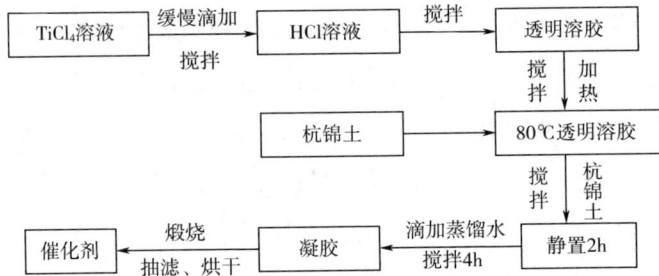

图 4-3　TiO$_2$/杭锦土制备工艺流程

4.4　TiO$_2$/杭锦凹凸棒石黏土基本性质分析

4.4.1　成分分析

采用 D8 ADVANCE 型 X 射线粉末衍射对所得催化剂进行物相分析和结构分析，管电压为 40kV，管电流为 40mA，采用 Cu 靶（Cu Kα 发射线为 λ = 0.15406nm），扫描角度范围为 10°~80°。图 4-4 为杭锦土原土和 TiO$_2$/杭锦凹凸棒石黏土的 XRD 谱图。从图中可以看出，在 2θ=26.83°、21.09°、50.35°、68.43°处的衍射峰，为二氧化硅的特征衍射峰（JCPDF，No.03-0444），说明杭锦土中存在大量的石英矿物。2θ=29.57°、39.53°处出现明显衍射峰，为方解石的衍射峰（JCPDF，No.03-0612），2θ=28.19°、34.71°处是长石的衍射峰（JCPDF，No.02-0472）。2θ=20.01° 和 35.17° 处的衍射峰（JCPDF，No.20-0688），确定为坡缕石的特征峰。说明杭锦凹凸棒石黏土中分布着石英、方解石、坡缕石和长石等矿物成分。TiO$_2$/杭锦凹凸棒石黏土样品中，2θ=26.83°处 SiO$_2$ 的特征峰峰强增加，推测是黏土中的 Al 和 Fe 等金属从立体结构局部溶出，致使小部分硅氧四面体、铝氧八面体骨架坍塌，立体结构重新组合，导致具有石英结构的成分增加。在 2θ=29.57°、39.53°附近方解石的特征峰消失，可能是由于方解石与盐酸反应，导致其主要成分 CaCO$_3$ 的衍射峰消失。$2\theta=20.01°$和$35.17°$处坡缕石的特征峰变化不大，说明负载后，大部分硅氧四面体和八面体仍然保存。图 4-4 中 TiO₂的衍射峰不是很明显，所以推测应是以无定形的形态存在。

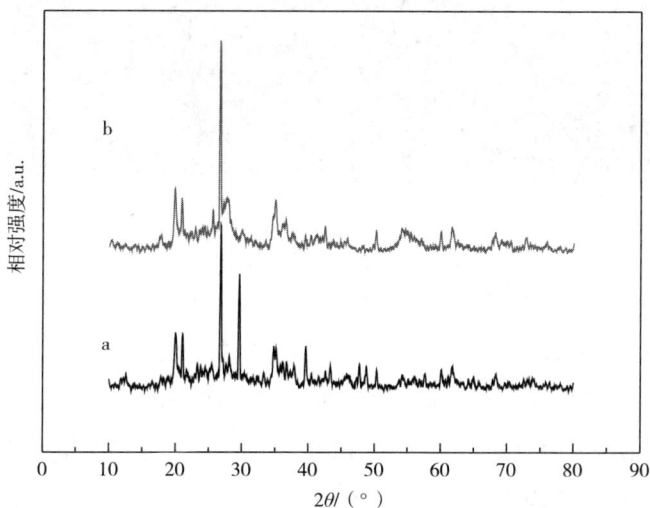

图 4-4 杭锦凹凸棒石黏土（a）和 TiO₂/杭锦凹凸棒石黏土（b）的 XRD 谱图

4.4.2 形貌及元素分析

采用 Hitachi S-3400 型扫描电子显微镜的聚焦高能电子束对样品进行扫描，激发出各种物理相关信息并接收、放大和显示成像，从而得到样品的宏观结构及微观结构的形貌。图 4-5（a）和图 4-5（b）分别为杭锦凹凸棒石黏土和 TiO₂/杭锦凹凸棒石黏土（90℃烘干）光催化剂的扫描电镜照片。由图可以看出，TiO₂/杭锦凹凸棒石黏土经过负载 TiO₂后，孔道明显变得疏松，推测杭锦凹凸棒石黏土在负载过程中，部分 Al 和 Fe 元素脱出，致使孔道增加。而且可以看出，杭锦凹凸棒石黏土为层片状结构，经过负载过程后，层片状结构被破坏。图 4-5（b）中大的颗粒是杭锦凹凸棒石黏土，而小颗粒推测可能是 TiO₂。

图 4-6 为杭锦凹凸棒石黏土和 TiO₂/杭锦凹凸棒石黏土（90℃烘干）的

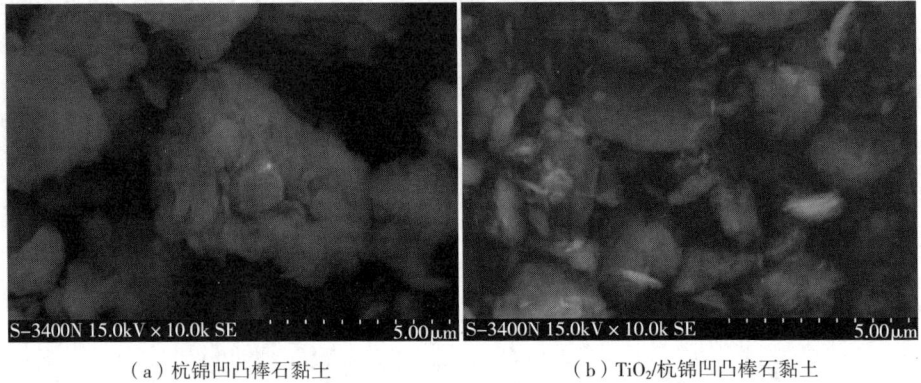

（a）杭锦凹凸棒石黏土　　　　　（b）TiO₂/杭锦凹凸棒石黏土

图 4-5　杭锦凹凸棒石黏土和 TiO_2/杭锦凹凸棒石黏土（90℃烘干）的 SEM 照片

EDS 谱图。从图中可以看出，负载后的样品中 Ca 元素减少，说明 $CaCO_3$ 与酸反应被溶解，与 XRD 结果相同。图中显示铝、铁的含量减少，说明在负载过程中有部分溶出。TiO_2/杭锦凹凸棒石黏土样品中 Si 元素含量减少，有可能能谱打的位置上硅氧结构部分坍塌，导致硅元素含量减少。从图 4-6 中也可以看出，Ti 含量增大，推测是 TiO_2 负载在杭锦凹凸棒石黏土上的原因。

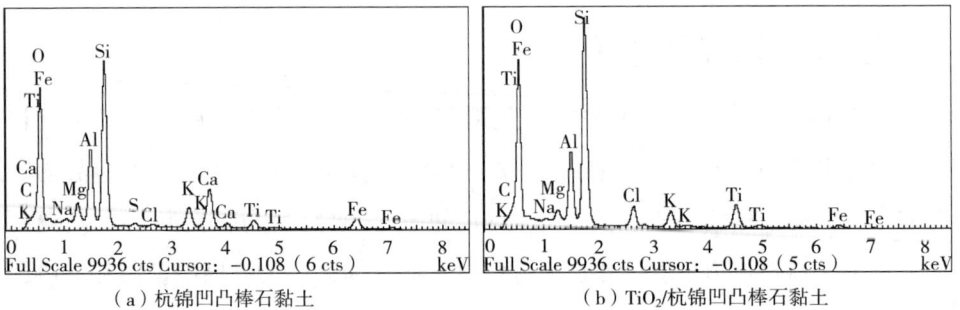

（a）杭锦凹凸棒石黏土　　　　　（b）TiO₂/杭锦凹凸棒石黏土

图 4-6　杭锦凹凸棒石黏土和 TiO_2/杭锦凹凸棒石黏土（90℃烘干）的 EDS 谱图

4.4.3　吸光性能分析

采用配置了积分球附件的日本岛津公司 UV-3600PC 型紫外—可见漫反射（ultraviolet-visible diffuse reflectance spectra，UV-vis DRS）吸收光谱仪对样品

进行吸光性能分析，以 $BaSO_4$ 粉末作为参比。光谱范围为 200~900nm，采样间隔 0.5nm，狭缝宽度 5.0nm。图 4-7 为杭锦凹凸棒石黏土和 TiO₂/杭锦凹凸棒石黏土的紫外—可见漫反射吸收光谱图。杭锦凹凸棒石黏土在 250nm 处有一个强的吸收峰，在 300~600nm 处有一个较宽的肩峰。250nm 左右的强吸收峰是由于八面体天然矿物中 Fe^{3+} 与 O_2^-、—OH 或 H_2O 之间的电子转移所形成的；260~280nm 处为杭锦凹凸棒石黏土中少量 TiO_2 形成的吸收峰；300~600nm 处的宽肩峰是由于杂质离子将杭锦凹凸棒石黏土晶体构架中的离子取代，形成类质同象替代所致。经 TiO_2 负载后，酸处理使杭锦凹凸棒石黏土中 Fe_2O_3 由层间迁移至表面，使其在紫外光区的光吸收能力明显增强，且 260~280nm 处 TiO_2 的特征吸收峰增强，说明 TiO_2 成功负载于杭锦凹凸棒石黏土表面。同时，杭锦凹凸棒石黏土在可见光区的吸光性能也有所增强，说明 TiO_2 负载可明显增强杭锦凹凸棒石黏土对光的吸收能力。

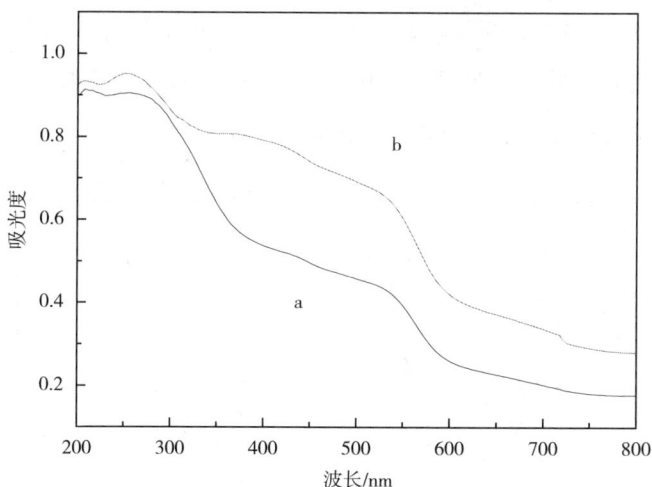

图 4-7　杭锦凹凸棒石黏土（a）和 TiO₂/杭锦凹凸棒石黏土（b）
　　　　的 UV-vis DRS 谱图

4.4.4　结构分析

采用 Nicolet NEXUS FT 红外透射光谱仪对样品进行化学结构分析，KBr 压片，扫描范围为 4000~400cm^{-1}，连续扫描。样品的酸性测试采用吡啶—红外光谱法（吡啶—IR），将样品和吡啶放入带有干燥剂和抽气口的干燥器中，密封，抽真空至真空度达到 0.08 MPa。保持该真空度 24h，样品在此时间段内吸附吡啶。24h 后，打开出气阀，让吡啶脱附，取出样品，再按红外透射光谱试验方法得到相应的红外光谱图。

图 4-8 是杭锦凹凸棒石黏土和 TiO$_2$/杭锦凹凸棒石黏土的红外谱图。由图知，杭锦凹凸棒石黏土中 1027cm^{-1} 处为 Si—O 的平面伸缩振动，3619cm^{-1}、3420cm^{-1}、1641cm^{-1} 处为—OH 的收缩振动，526cm^{-1} 处为 Si—O—Al（八面体中取代的 Al）弯曲振动，876cm^{-1} 处较弱峰为方解石的特征峰，800cm^{-1} 附近为石英的特征峰，1460cm^{-1} 左右为方解石的特征峰。TiO$_2$/杭锦凹凸棒石黏土的谱图中 1027cm^{-1} 处特征峰几乎没有变化，说明负载过程酸处理对杭锦凹凸棒石黏土结构几乎没有影响，但 526cm^{-1} 处的吸收峰经酸化后峰强减小，说明酸化导致部分 Al 溶出，在其表面形成更多的 Al（OH）$^+$，使其 Lewis 酸性位进一步增多。此外，酸处理过程中 1460cm^{-1} 左右方解石特征峰几乎消失，说明方解石与酸反应被分解，与 XRD 分析结果一致。

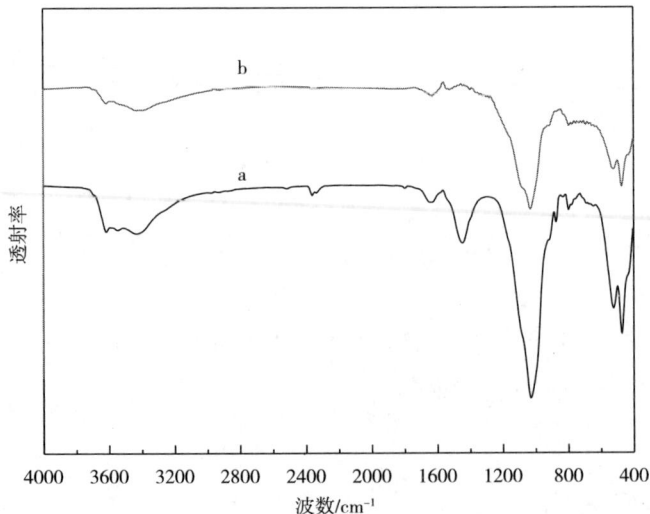

图 4-8　杭锦凹凸棒石黏土（a）和 TiO$_2$/杭锦凹凸棒石黏土（b）的红外谱图

图 4-9 为杭锦凹凸棒石黏土和 TiO₂/杭锦凹凸棒石黏土的吡啶吸附红外
谱。红外谱图研究表明，吸附吡啶的酸性催化剂的红外谱图在 1450cm⁻¹、
1490cm⁻¹、1540cm⁻¹、1620cm⁻¹、1630cm⁻¹等处有吸收峰出现，1450cm⁻¹处为
L 酸的特征吸收峰，1540cm⁻¹处为 B 酸的特征吸收峰。从图中可以看出，杭锦
凹凸棒石黏土原土具有明显的 L 酸的特征吸收峰。负载 TiO₂后，在 1540cm⁻¹
处出现 B 酸酸位，1630cm⁻¹附近出现了明显的 L 酸吸收峰，1490cm⁻¹的特征
峰是 B 酸和 L 酸的叠加，这些酸活性中心可能会增加催化剂的光催化活性。

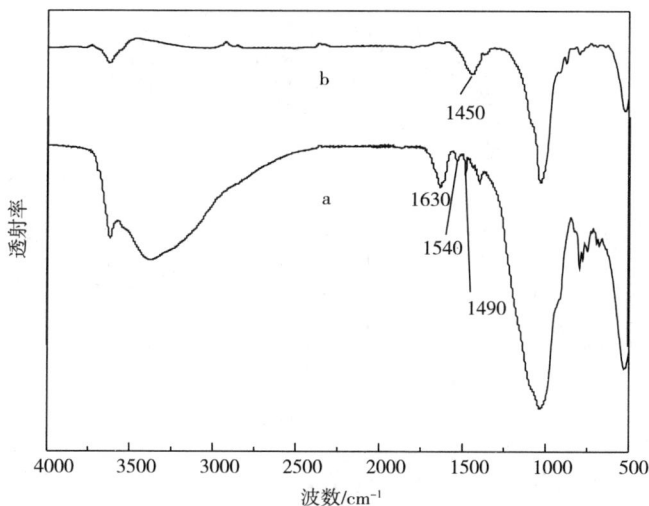

图 4-9　杭锦凹凸棒石黏土（a）和 TiO₂/杭锦凹凸棒石黏土（b）的吡啶吸附红外谱图

4.5　TiO₂/杭锦凹凸棒石黏土光催化降解印染污水性能评价

4.5.1　评价方式

样品的光催化活性通过甲基橙溶液光催化降解来评价。光催化试验在图

4-10 的光催化反应器中进行。反应器内设空气鼓泡器，用波长 254nm 的紫外杀菌灯作为光源，置于溶液液面上方。在 500mL、8mg/L 的甲基橙溶液中加入催化剂样品并混合，先让催化剂在无光照的条件下达到吸附平衡后，再光照，空气鼓泡。

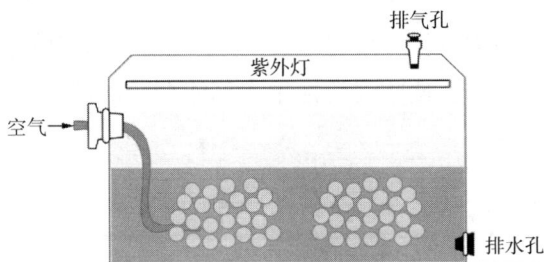

图 4-10　紫外光活性评价装置

在无光照的情况下，20min 吸附平衡后，离心分离，取上清液，在 721 型可见分光光度计上于 460nm 处测定其吸光度。然后开启光源，每隔 10min 取样。通过吸光度值的变化按下式确定样品的光催化活性：

$$\eta = \frac{C_0 - C}{C_0} \times 100\%$$

式中：C_0——光照前甲基橙溶液的吸光度；

　　　C——光照任一时间后甲基橙溶液的吸光度。

4.5.2　评价结果和机理分析

图 4-11 为杭锦凹凸棒石黏土和 TiO_2/杭锦凹凸棒石黏土对甲基橙的光催化降解结果。由图可知，杭锦凹凸棒石黏土经 70min 光照后对甲基橙的光催化降解率可达 60%；负载 TiO_2 后，杭锦凹凸棒石黏土对甲基橙的光催化降解率增加至 73%，说明 TiO_2 显著提升了杭锦凹凸棒石黏土的光催化活性。

杭锦凹凸棒石黏土中含有多种氧化物，当光照射到其表面时会产生光生电子和空穴，由于各种氧化物的导带与价带位置的不同，光生电子和空穴能够有效分离，其复合亦被有效抑制，分离后空穴能够氧化杭锦凹凸棒石黏土

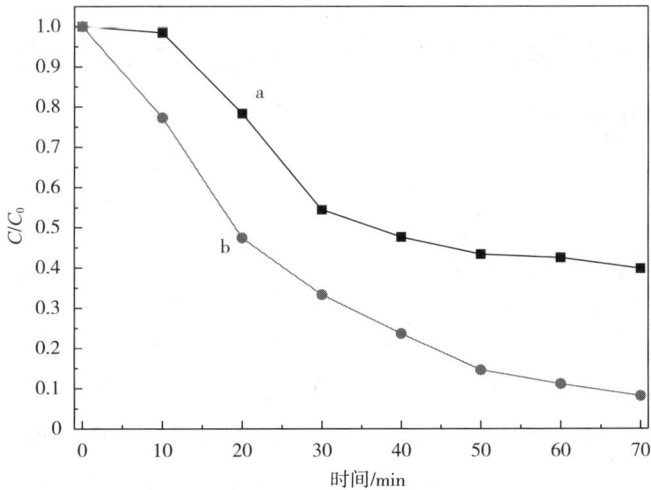

图 4-11　杭锦凹凸棒石黏土（a）和 TiO₂/杭锦凹凸棒石黏土
（b）对甲基橙的光催化降解结果

表面羟基或表面吸附水形成强氧化性羟基自由基，氧化甲基橙使其降解；而
电子则能够与杭锦凹凸棒石黏土表面的吸附氧或反应中通入的氧气反应形成
超氧自由基，也可降解甲基橙。此外，杭锦凹凸棒石黏土表面存在 Lewis 酸性
中心，光催化过程中，Lewis 酸中心能够捕获光生电子，有效抑制杭锦凹凸棒
石黏土光生电子与空穴的复合，提高其光催化活性。负载 TiO₂后，杭锦凹凸
棒石黏土对光吸收能力大幅增加，且敏化过程使杭锦凹凸棒石黏土中部分 Al
被溶出，表面 Lewis 酸位增多，抑制光生空穴与电子复合的能力增强。与此同
时，在 TiO₂敏化杭锦凹凸棒石黏土过程中，TiO₂与杭锦凹凸棒石黏土间可能
形成 Si—O—Ti 键，使两者牢固结合。催化过程中光生电子在 TiO₂与杭锦凹凸
棒石黏土间的传递同样可抑制光生空穴与电子的复合。综上，杭锦凹凸棒石
黏土与 TiO₂间的协同作用使其光催化活性进一步增强。

4.6 制备条件对 TiO_2/杭锦凹凸棒石黏土催化性能的影响

4.6.1 盐酸浓度的影响

表 4-1 和图 4-12 为 $TiCl_4$ 添加量为 25mL，反应温度为 80℃，盐酸浓度分别为 5%、10%、15%、20%、25% 和 30% 时制备的催化剂对甲基橙的吸附和降解结果。从表 4-1 中可以看出，在 20min 的吸附过程中，催化剂吸附最大达到 8% 左右，所以，盐酸浓度对吸附反应的影响不大。在紫外光照射下，由图 4-12 和表 4-1 中可以看出，当盐酸浓度为 10% 时，甲基橙的降解率达到最大（91.85%）。但是，当盐酸浓度为 20% 时，降解率降为 68.22%。当盐酸浓度大于 20% 时，降解率又有所上升。结合图 4-13 的吡啶吸附结果推测原因，当盐酸浓度在 5%~20% 时，催化剂的酸活性中心数量较多，结合光活性测试结果，说明在此范围内，酸性中心起很大作用。适当的酸浓度可以洗掉部分的金属元素，孔道数量增加，使催化剂吸附量增大，也能暴露出更多的酸活性中心。随着酸浓度的增加，杭锦凹凸棒石黏土的骨架破坏程度也随之增加，导致 TiO_2 负载量下降，从而其光催化活性降低。

表 4-1 不同盐酸浓度样品吸附及光降解甲基橙的数据

项 目	盐酸浓度/%					
	5	10	15	20	25	30
20min 吸附结果/%	7.00	4.03	8.48	7.42	5.34	6.90
70min 光降解结果/%	80.25	91.85	82.34	68.22	85.48	71.51

4.6.2 $TiCl_4$ 添加量的影响

表 4-2 和图 4-14 为盐酸浓度为 10%，反应温度为 80℃，$TiCl_4$ 添加量分

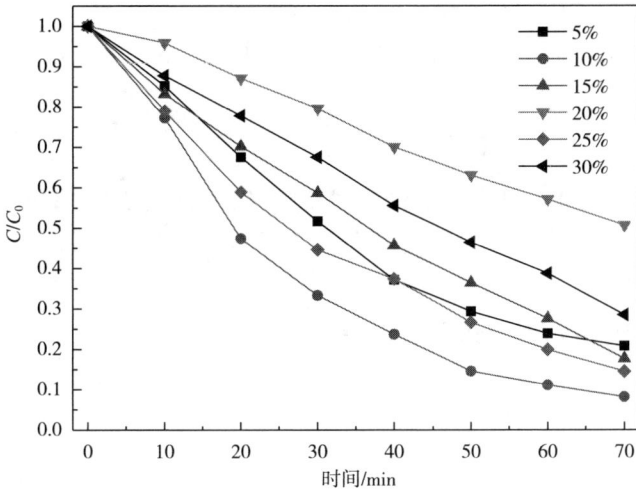

图 4-12　盐酸浓度对光催化剂催化活性的影响

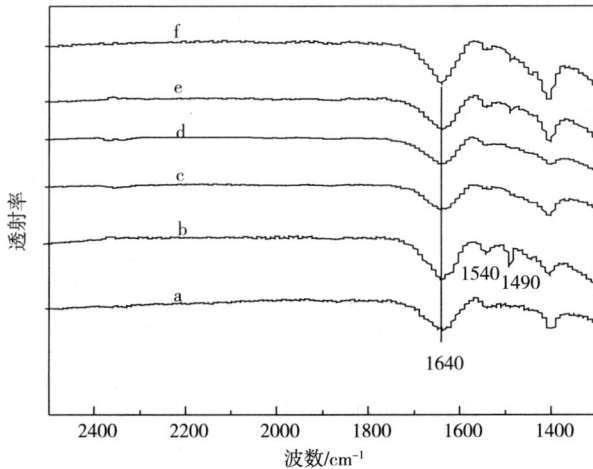

图 4-13　样品的吡啶吸附 FTIR 图谱

a—5%　b—10%　c—15%　d—20%　e—25%　f—30%

别为 5mL、10mL、15mL、20mL 和 25mL 时制备的催化剂对甲基橙的吸附和降解结果。从表 4-2 中可以看出,在 20min 的吸附过程中,当 TiCl₄ 的添加量为 15mL 时,吸附量达到最大(15.31%)。所以,TiCl₄ 添加量对降解率的影响较小。相比较而言,在紫外光照射下,TiCl₄ 添加量为 15mL 时的降解率最好,达到 96.59%。可能是添加量为 15mL 时，吸附量大，增加了 TiO$_2$ 与甲基橙接触的概率，增加了催化剂的活性。当 TiCl$_4$ 添加量为 25mL 时，降解率下降，可能是［Ti^{4+}］过多，导致竞争吸附，反而降低了其负载量。

表 4-2　不同 TiCl$_4$ 添加量样品吸附及光降解甲基橙的数据

项　目	TiCl$_4$添加量/mL				
	5	10	15	20	25
20min 吸附结果/%	8.47	12.65	15.31	6.71	5.34
70min 光降解结果/%	93.68	91.92	96.59	91.61	85.48

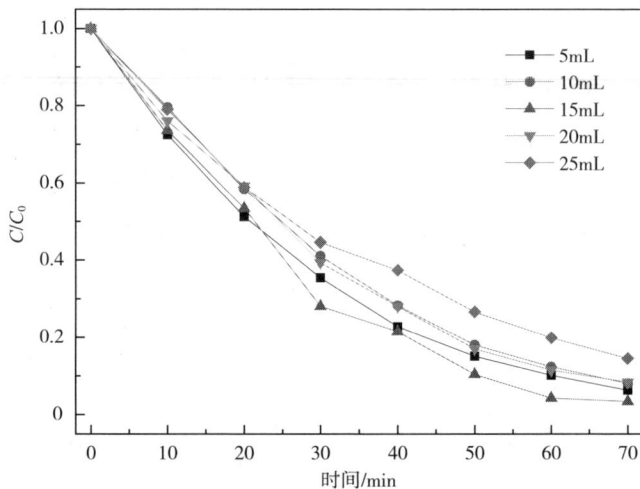

图 4-14　TiCl$_4$ 的添加量对光催化剂催化活性的影响

4.6.3　反应温度的影响

表 4-3 和图 4-15 为 TiCl$_4$ 添加量为 15mL，盐酸浓度为 10%，反应温度分别为 20℃、50℃、80℃、110℃和 140℃时所制催化剂对甲基橙的吸附和光催化降解结果。从表 4-3 和图 4-15 中可以看很出，80℃制备的样品吸附能力和光降解能力最大。在一定范围内，提高反应温度有利于提高活化速度，减少活化时间。但盐酸易挥发，温度过高会加速盐酸的挥发，可能导致介质体系

反应不完全，负载效果差，从而导致催化剂活性下降。因此，活化温度控制在 80℃时为宜。

表 4-3　不同反应温度的样品吸附及光降解甲基橙的数据

项　目	反应温度/℃				
	20	50	80	110	140
20min 吸附结果/%	12.81	12.04	15.3	6.96	9.61
70min 光降解结果/%	60.96	52.44	96.59	93.30	80.85

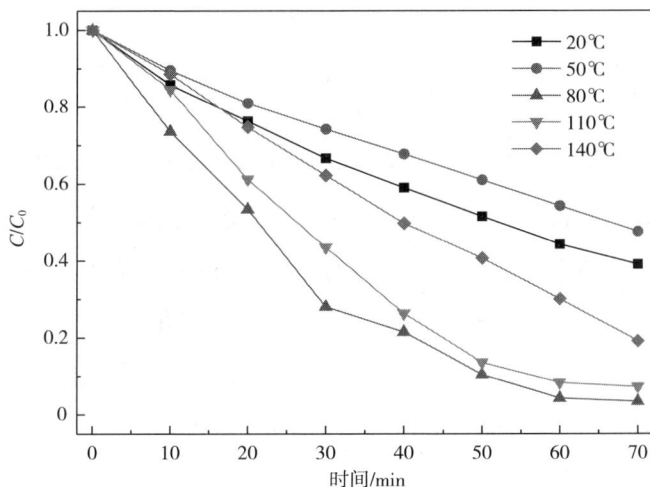

图 4-15　反应温度对光催化剂催化活性的影响

4.6.4　载体煅烧温度的影响

（1）载体煅烧温度的确定。采用日本岛津 DTA-DSC 型热重—差示扫描量热仪对杭锦凹凸棒石黏土进行热分析，结果如图 4-16 所示。从图中可以看出，在 200~300℃处有一个大的吸热峰，为杭锦凹凸棒石黏土结构中硅氧化物发生转变产生；在 600~700℃有一个小的吸热峰，并伴随失重 6%，说明在此温度下，杭锦凹凸棒石黏土中方解石被分解；900℃处的强吸热峰说明骨架结构坍塌，晶型结构发生变化，有无定形的 SiO₂ 生成。故用作载体的杭锦凹凸棒石黏土煅烧温度选择400℃、500℃、600℃、700℃、800℃和900℃，煅烧时间2h。

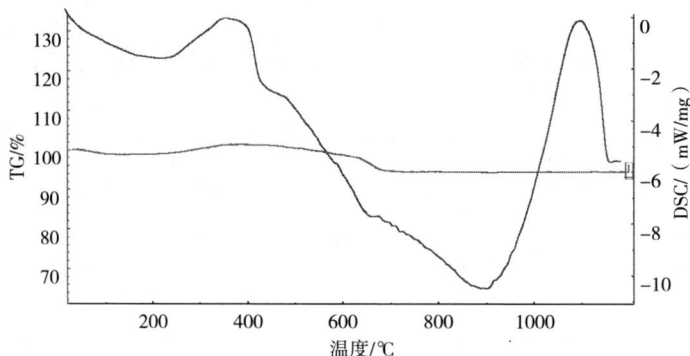

图4-16 杭锦凹凸棒石黏土的TG/DSC曲线

（2）载体焙烧温度对催化剂光催化活性的影响。在盐酸浓度为10%，$TiCl_4$的添加量为15mL，反应温度为80℃时选择在不同温度（未焙烧、400℃、500℃、600℃、700℃、800℃和900℃）下焙烧的杭锦凹凸棒石黏土为载体制备TiO_2/杭锦凹凸棒石黏土催化剂，并考察其光催化降解溶液中甲基橙的性能，结果如图4-17所示。由图可知，以未焙烧的杭锦凹凸棒石黏土为载体制备的TiO_2/杭锦凹凸棒石黏土催化剂活性最好。

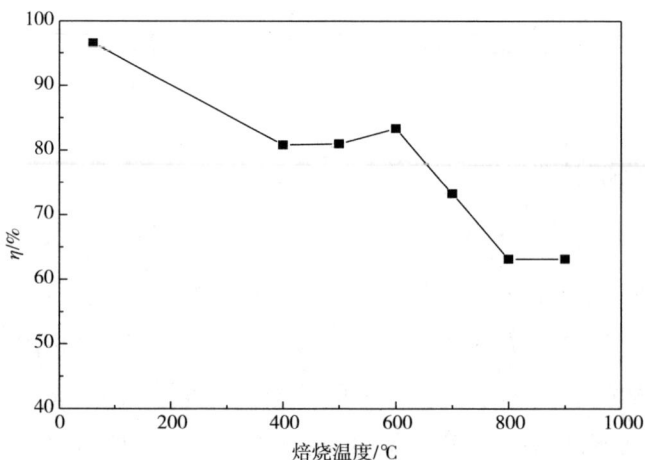

图4-17 载体焙烧温度对催化剂光催化活性的影响

4.6.5 钛源的影响

分别以 TiCl₄、钛酸丁酯、钛酸异丙酯（tianium tetraisopropanolate，TTIP）三种溶液为钛源制备催化剂，考察钛源的影响。

催化剂制备条件：钛源分别为 TiCl₄、钛酸丁酯和 TTIP，添加量为 15mL，杭锦凹凸棒石黏土为载体，盐酸浓度为 10%，反应温度为 80℃。

试验结果如图 4-18 所示，三种催化剂对甲基橙吸附率和光降解数据见表 4-4。

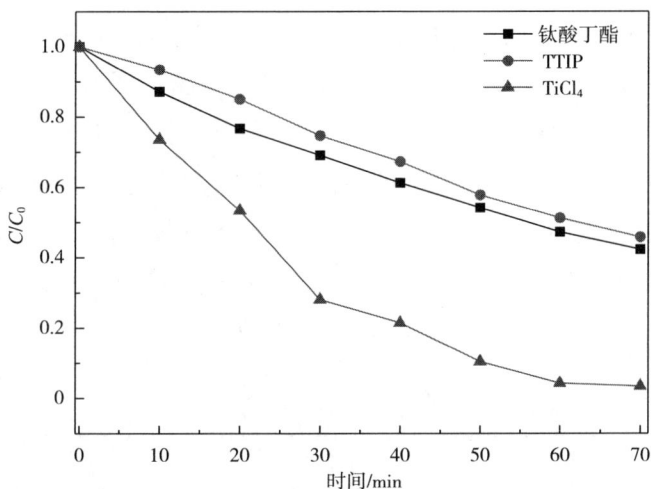

4-18 不同钛源对催化剂光催化活性的影响

表 4-4 不同钛源制备的样品吸附及光降解甲基橙的数据

钛源	TiCl₄	钛酸丁酯	TTIP
20min 吸附结果/%	15.3	14.23	19.50
70min 光降解结果/%	96.59	52.44	60.96

图 4-18 和表 4-4 考察的是钛源对催化剂的吸附性和光催化活性的影响。由图 4-18 和表 4-4 可以看出，不同钛源制备的催化剂对甲基橙的吸附性影响不大，而以 TiCl₄ 为钛源的催化剂的催化活性最好。可能是制备过程中，Cl⁻ 与

H⁺形成了强酸，使催化剂的酸性增加。所以，催化剂的钛源选择 TiCl₄。

4.7 反应条件对 TiO₂/杭锦凹凸棒石黏土催化性能的影响

4.7.1 催化剂用量的影响

表 4-5 和图 4-19 为 TiCl₄添加量为 15mL，盐酸浓度为 10%，反应温度为 80℃时所制催化剂在不同用量时对甲基橙的吸附和光催化降解结果。从图 4-19 和表 4-5 中可以看出，吸附性能随着催化剂用量增加而增大。当催化剂用量为 2g/L 时，光催化降解的活性最好。这是因为催化剂用量较少时，产生的活性位很少，不能充分地利用光源；催化剂用量较大时，光照能量不能得到有效利用，使有效光强度减弱，影响光降解率。研究表明，在 TiO₂光催化降解偶氮染料系统中，光催化存在最佳用量，初始速率随催化剂用量的增加而增大，而催化剂用量过大时会阻碍催化剂对光的吸收。

表 4-5 催化剂用量对催化剂吸附能力的影响

催化剂用量/(g/L)	1.0	2.0	3.0	4.0	5.0
20min 吸附结果/%	11.07	19.10	21.92	23.81	28.01

4.7.2 溶液 pH 的影响

溶液 pH 对光降解的影响比较复杂。一种理论认为，当 pH 较大时，催化剂颗粒周围 OH⁻浓度高，有利于·OH 的生成，会加快光降解速率；另一种理论认为，当 pH 较小时，离子表面会呈现正电荷，表面正电荷对催化剂的吸附能力和光催化活性有正面影响。每一种理论都不能合理解释所有的试验现象，因此，pH 对光催化的影响还需要进一步研究。试验中分别采用稀 HNO₃和 NaOH 溶液来调节反应溶液的 pH。

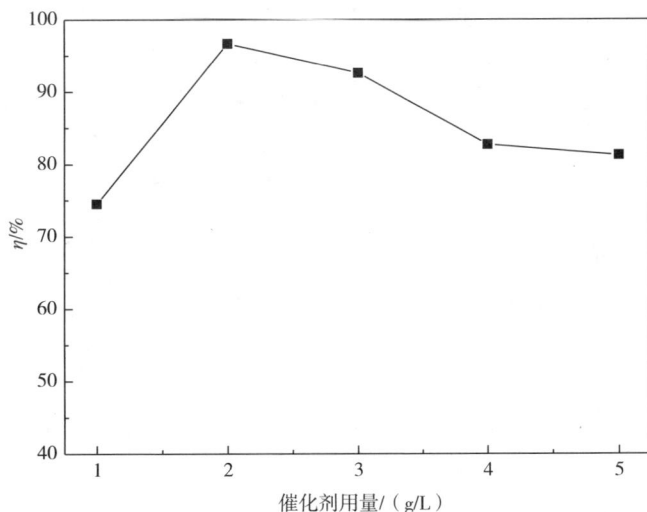

图 4-19　催化剂用量对光催化降解率的影响

　　表 4-6 和图 4-20 为 TiCl₄ 添加量为 15mL，盐酸浓度为 10%，反应温度为 80℃时所制催化剂在不同 pH 时对甲基橙的吸附和光催化降解结果。从图 4-20 和表 4-6 可以看出，当 pH＞12 时，催化剂几乎不吸附甲基橙，pH≤11 时，吸附率没有太大起伏，说明 pH≤11 吸附作用受 pH 的影响较小。光催化降解率是在 pH＝1 的时候最大。随着 pH 增大，降解率有下降的趋势。在酸性条件下，催化剂表面带正电荷，容易吸附阴离子构型的甲基橙分子，有利于光催化反应。碱性条件下，由于 OH⁻增多，而使催化剂表面带负电荷，从而排斥阴离子构型的甲基橙分子，是催化剂与染料分子接触机会下降，对光催化反应不利。

表 4-6　溶液 pH 对催化剂吸附能力的影响

pH	1	2	3	4	5	6	7
20min 吸附结果/%	13.46	16.82	13.61	13.32	16.03	15.64	11.48
pH	8	9	10	11	12	13	14
20min 吸附结果/%	14.51	13.17	12.85	14.12	2.22	0.8	0.64

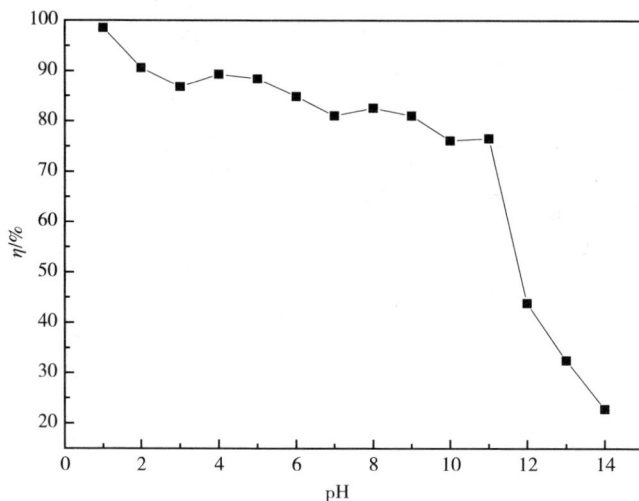

图 4-20　溶液 pH 对降解率的影响

4.8 催化剂的回收与利用

　　光催化剂的回收、利用如同其活性一样，也是考察光催化剂是否具有实用价值的一个重要指标。催化剂回收利用过程为所使用过的催化剂需洗涤，然后抽滤、烘干。使用时需调节甲基橙的 pH，使其与第一次使用时的 pH 一致。重复使用结果见表 4-7。

表 4-7　催化剂的回收利用

使用次数	1	2	3	4
催化剂的降解效率/%	96.59	63.20	46.20	44.20

　　由表 4-7 中数据可以看出，当使用到第三次的时候，催化剂明显失活，催化剂已经没有什么催化效果。推测原因：一是催化剂本身催化活性降低；二是使用过的催化剂经抽滤、洗涤、烘干处理，在处理的过程中，部分催化

剂活性成分流失。

4.9 本章小结

（1）以甲基橙为物系，考察盐酸浓度、TiCl$_4$添加量、反应温度、载体和前驱体焙烧温度等制备条件对催化剂活性的影响。结果表明，适宜条件是载体不经过热处理，盐酸浓度为 10%，TiCl$_4$添加量 15mL，反应温度 80℃，催化剂不经焙烧，降解率达到 96.59%。

（2）对所制得的催化剂晶型表征。UV-vis DRS 分析表明，负载 TiO$_2$后，催化剂在紫外光照射下吸收明显增加。SEM 分析显示了杭锦凹凸棒石黏土负载 TiO$_2$后，层状结构遭到破坏，孔道疏松。吡啶—IR 分析结果显示，杭锦土原土本身具有 L 酸酸位，负载 TiO$_2$后的催化剂出现了明显的 B 酸酸位，而且 L 酸酸位增加，说明在负载 TiO$_2$过程中使催化剂暴露出更多的酸活性中心。XRD 分析结果显示，未煅烧凹凸棒石黏土作为载体时未见有 TiO$_2$的衍射峰，猜测无定形 TiO$_2$也可具有一定的光催化活性。煅烧后的催化剂有 TiO$_2$（101）衍射峰出现，晶型较完整，但酸性下降，TiO$_2$作用较小，说明在光催化降解甲基橙的过程中是酸性和 TiO$_2$共同作用。

（3）考察光催化降解甲基橙的影响因素，结果表明，催化剂的活性受光源类型、pH、催化剂用量、使用次数影响较大。催化剂在紫外光条件下效果较好；催化剂第一次使用，用量为 2g/L 时活性最高；溶液 pH 为酸性时，降解效率最好，降解率可达到 98.53%。

第5章

杭锦凹凸棒石黏土非均相类 Fenton反应降解印染污水研究

5.1 Fenton 氧化技术简介

5.1.1 均相 Fenton 氧化技术

芬顿（Fenton）反应是指在酸性条件下，Fe^{2+} 与 H_2O_2 反应生成强氧化性自由基，将有机污染物氧化为 CO_2、H_2O 等无污染无机物的过程。1894 年，Fenton 首次发现并报道了该反应。1934 年，Haber 和 Weiss 提出 Fenton 反应过程中的主要氧化性基团为羟基自由基（·OH）这一理论。其后，Barb 等在Haber 和 Weiss 提出的反应理论基础上提出以下反应机理，进一步确认了羟基自由基在 Fenton 反应过程中的主导地位，并得到广泛认可。1964 年，Fenton 氧化技术首次被应用于处理苯酚和烷基苯废水，随之该反应在废水处理领域得到广泛应用，如印染废水、焦化废水、矿山废水、炸药废水、制药废水以及农药废水等。Fenton 反应的机理具体反应如式（5-1）～式（5-7）所示：

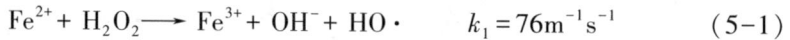

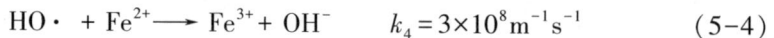

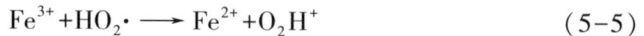

$$Fe^{2+} + H_2O_2 \longrightarrow Fe^{3+} + OH^- + HO\cdot \qquad k_1 = 76m^{-1}s^{-1} \qquad (5-1)$$

$$Fe^{3+} + H_2O_2 \longrightarrow Fe^{2+} + HO_2\cdot + H^+ \qquad k_2 = 0.01m^{-1}s^{-1} \qquad (5-2)$$

$$HO\cdot + H_2O_2 \longrightarrow HO_2\cdot + H_2O \qquad k_3 = 3.3\times10^7m^{-1}s^{-1} \qquad (5-3)$$

$$HO\cdot + Fe^{2+} \longrightarrow Fe^{3+} + OH^- \qquad k_4 = 3\times10^8m^{-1}s^{-1} \qquad (5-4)$$

$$Fe^{3+} + HO_2\cdot \longrightarrow Fe^{2+} + O_2H^+ \qquad (5-5)$$

$$Fe^{2+} + HO_2\cdot + H^+ \longrightarrow Fe^{3+} + H_2O_2 \qquad (5-6)$$

$$HO_2 \cdot + HO_2 \cdot \longrightarrow H_2O_2 + O_2 \qquad (5-7)$$

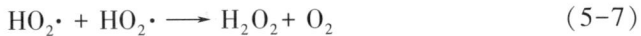

相比其他高级氧化技术，Fenton 氧化具有催化剂来源广泛、操作简单、反应条件温和及使用方便等优点。然而，在实际应用过程中发现 Fenton 反应仍然存在一系列缺点，极大地限制了其大规模应用。首先，由式（5-1）和式（5-2）可知，在 Fenton 反应过程中，Fe^{2+} 和 Fe^{3+} 之间形成了循环，可以使体系不断生成 $\cdot OH$，但由于式（5-2）的反应速率远远小于式（5-1）的反应速率，导致铁离子循环受阻，反应速率降低，在反应溶液中引入大量 Fe^{3+}，易造成二次污染。其次，Fenton 氧化一般均在酸性条件下进行，需要对废水的 pH 进行控制，对设备的抗腐蚀能力和材质要求也较高，且处理后的水溶液 pH 较低，需要重新调至 6.0 ~ 9.0 才可满足我国《污水综合排放标准》（GB 8978—1996）的排放标准。此外，传统 Fenton 试剂难以重复利用，故所研制的 Fenton 试剂应具备以下几个特性：

（1）良好的稳定性，可重复使用；

（2）不会大量溶出 Fe^{3+}；

（3）良好的反应效率。

基于此，研究者在传统均相 Fenton 反应的基础上开发了非均相 Fenton 反应。

5.1.2　非均相 Fenton 氧化技术

非均相 Fenton 反应包括反应物到催化剂表面的扩散、催化剂表面络合物的形成（反应位点的吸附）、反应过程中的电子转移（污染物的氧化降解）、络合物的解体（产物的脱附）和反应位点的再生过程。非均相 Fenton 催化剂与 H_2O_2 反应产生 $\cdot OH$ 的机理如下所示：

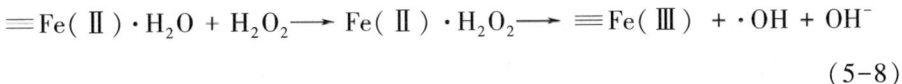

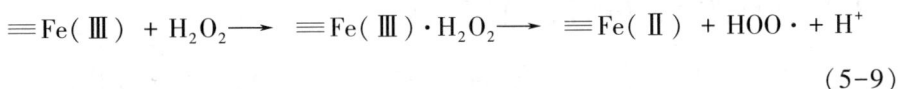

$$\equiv Fe(II) \cdot H_2O + H_2O_2 \longrightarrow Fe(II) \cdot H_2O_2 \longrightarrow \equiv Fe(III) + \cdot OH + OH^-$$
$$(5-8)$$

$$\equiv Fe(III) + H_2O_2 \longrightarrow \equiv Fe(III) \cdot H_2O_2 \longrightarrow \equiv Fe(II) + HOO \cdot + H^+$$
$$(5-9)$$

$$= Fe(III) + HOO \cdot \longrightarrow \equiv Fe(II) + O_2 + H^+ \qquad (5-10)$$

$$\text{Fe}(\text{II}) + \text{H}_2\text{O}_2 \longrightarrow \text{Fe}(\text{III}) + \cdot\text{OH} + \text{OH}^- \qquad (5-11)$$

$$\text{Fe}(\text{III}) + \text{H}_2\text{O}_2 \longrightarrow \text{Fe}(\text{II}) + \text{HOO}\cdot + \text{H}^+ \qquad (5-12)$$

$$\text{Fe}(\text{III}) + \text{HOO}\cdot \longrightarrow \text{Fe}(\text{II}) + \text{O}_2 + \text{H}^+ \qquad (5-13)$$

$$\equiv\text{Fe}(\text{II}) + \text{H}_2\text{O}_2 \longrightarrow \equiv\text{Fe}(\text{IV}) + 2\text{OH}^- \qquad (5-14)$$

$$\equiv\text{Fe}(\text{IV}) + \text{H}_2\text{O}_2 \longrightarrow \equiv\text{Fe}(\text{II}) + \text{O}_2 + 2\text{H}^+ \qquad (5-15)$$

$$\equiv\text{Fe}(\text{IV}) + \equiv\text{Fe}(\text{II}) \longrightarrow \equiv\text{Fe}(\text{III}) \qquad (5-16)$$

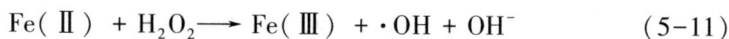

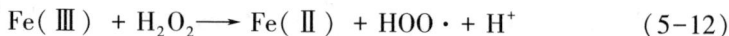

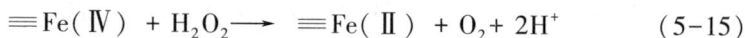

其中，$\equiv\text{Fe}(\text{II})$ 和 $\equiv\text{Fe}(\text{III})$ 代表铁化合物表面的铁离子，$\text{Fe}(\text{II})$ 和 $\text{Fe}(\text{III})$ 代表体相中的铁离子。

反应过程包括催化剂表面和体相溶液中 $\text{Fe}(\text{II})$/$\text{Fe}(\text{III})$ 的氧化还原循环。如反应方程式（5-8）所示，铁化合物表面的含水配合物 $\equiv\text{Fe}(\text{II})\cdot\text{H}_2\text{O}$ 被 H_2O_2 取代为 $\text{Fe}(\text{II})\cdot\text{H}_2\text{O}_2$，然后通过分子内电子转移产生 $\cdot\text{OH}$，$\text{Fe}(\text{III})$ 通过反应式（5-9）和式（5-10）在铁化合物表面被还原为 $\text{Fe}(\text{II})$，通过链式反应式（5-11）~式（5-13），从铁化合物上溶解产生的铁离子也可以在体相溶液中引发 H_2O_2 的分解，这类似于 Haber-Weiss 机理。在降解有机污染物过程中，铁化合物表面和体相溶液中产生的 $\cdot\text{OH}$ 是主要的氧化物种。

与均相 Fenton 反应相比，非均相 Fenton 反应中的活性铁离子是在固体催化剂表面的，有机污染物的氧化降解同样发生在催化剂表面，且绝大多数非均相 Fenton 催化剂较易从溶液中分离并重复利用，能够有效减少二次污染的产生，降低处理成本。此外，非均相 Fenton 反应能够在中性或接近中性条件下催化降解污染物，且能够有效提高 H_2O_2 在反应过程中的利用率。

5.2 影响 Fenton 反应的因素

5.2.1 pH 对 Fenton 反应的影响

已有研究表明，当反应溶液体系的 pH 在 3~5 时，Fenton 反应的效率最高，对污水的降解效果最好。在酸性条件下，催化剂中 Fe^{n+} 与 H_2O_2 反应生成

·OH 的速率较高，催化剂活性较好。但是，随着溶液 pH 的升高，含 Fe^{n+} 的 Fenton 试剂活性逐渐降低。究其原因，在碱性条件下，H_2O_2 在催化剂表面通过非自由基途径强烈分解为 O_2 和 H_2O，而不产生 ·OH。与此同时，反应体系的 pH 会影响催化剂表面电荷的分布，进而影响催化剂对被降解污染物的吸附能力及 Fe^{n+} 在反应体系中的分散程度，最终影响反应的效率。如 δ-FeOOH 的等电点为 8.5，当反应体系的 pH 为 6 时，低于它的等电点，δ-FeOOH 表面带正电荷，对阴离子染料（如靛蓝等）的吸附能力要大于对阳离子染料（如亚甲基蓝等）的吸附能。因而，在 Fenton 反应中，反应溶液 pH 是必须要考虑的重要因素。各种常见价铁及铁化合物的零电荷点见表 5-1。

表 5-1　铁和不同铁化合物零电荷点的 pH

物质	pH_{PZC}	物质	pH_{PZC}
Fe^0	7.8~8.1	β-FeOOH	6.5~6.9
Fe_3O_4	6.3~8.72	γ-FeOOH	7.05~8.47
α-Fe_2O_3	5.2~8.96	δ-FeOOH	8.5
γ-Fe_2O_3	8.25	$Fe_5HO_8 \cdot 4H_2O$	8.9
α-FeOOH	7~9.5		

5.2.2　H_2O_2 添加量对 Fenton 反应的影响

无论是均相还是非均相 Fenton 反应，H_2O_2 都是反应中强氧化性自由基 ·OH 的主要来源，因而讨论 Fenton 反应中 H_2O_2 添加量对反应的影响有重要意义。在 Fenton 反应中，当催化剂投加量与 pH 固定时，H_2O_2 添加量较少时，·OH 生成量少，反应效率较低；而投入过量 H_2O_2 会导致反应生成的 ·OH 被其自身捕获，生成活性较低的 HO_2·，进而影响反应效率，其主要反应过程如下所示：

$$HO \cdot + H_2O_2 \longrightarrow H_2O + HO_2 \cdot \qquad (5-17)$$

$$HO \cdot + HO_2 \cdot \longrightarrow H_2O + O_2 \qquad (5-18)$$

因而，控制反应过程中的 H_2O_2 添加量对 Fenton 反应具有重要意义。

5.2.3 催化剂投加量对 Fenton 反应的影响

在 Fenton 反应中，当 H_2O_2 投加量与 pH 固定时，在一定范围内，污染物降解速率随着 Fenton 试剂用量的增加而增加。这是由于 Fenton 试剂用量的增多会增加反应活性位点，促进 ·OH 的产生。但当 Fenton 试剂超过最佳用量后，污染物降解速率会随着 Fenton 试剂用量的增加而降低。部分学者认为，过量的 Fenton 试剂会对 ·OH 形成清除效应 [如反应式（5-17）和式（5-18）]；也有研究者认为，过量的 Fenton 试剂会导致大量 ·OH 的迅速生成，但 ·OH 同污染物之间的反应相对较慢，使部分未消耗的游离 ·OH 产生积聚，并彼此相互反应生成水，降低 ·OH 利用率。而在非均相 Fenton 反应体系中，降解反应主要发生于催化剂表面，当 H_2O_2 投加量固定时，过量的 Fenton 试剂减少了单位面积上 H_2O_2 的吸附，进而降低污染物的降解效率。

5.3 非均相 Fenton 氧化体系

目前，非均相 Fenton 试剂主要包括铁氧化物体系、过渡金属掺杂铁氧化物体系和载体类非均相 Fenton 体系等。铁氧化物和过渡金属掺杂铁氧化物体系是典型的非均相 Fenton 催化剂，具有环境友好、活性高等优点，且部分铁氧化物具有磁性，便于回收。

虽然铁氧化物及金属掺杂铁氧化物能够应用于非均相 Fenton 反应体系中，并能克服均相 Fenton 反应的大部分缺陷，但铁氧化物及金属掺杂铁氧化物制备方法复杂，成本高昂，极大地限制了其大规模应用。

载体类非均相 Fenton 体系是将铁离子固定于载体表面制备非均相 Fenton 试剂，在利用载体强吸附性能的同时，也利用其自身与铁离子之间的协同作用来提高催化剂的性能，制备过程简单，价格低廉，且该方法制备的非均相 Fenton 试剂重复利用率较高。目前，常用的载体主要为天然矿物，天然矿物颗粒较小，表面带有负电荷，具有与其他阳离子交换的能力，且其物理吸附性和表面化学活性很好。

在天然矿物类催化剂的制备过程中，当反应温度较高时，内插的多聚阳离子会通过脱水及脱羟基反应转化成相应的氧化物将黏土矿物中的硅酸盐撑开，形成介孔结构，在增加黏土矿物比表面积的同时，能提高 pH 的适用范围。同时，非均相 Fenton 反应过程中固定在孔洞中的 Fe^{n+} 可以最大限度地减少离子的浸出量。最为重要的是，降解过程中生成的酸性中间体使溶液 pH 降低，能够使非均相 Fenton 反应在弱酸性或中性条件下进行，且当酸性中间产物矿化成为 CO_2 和 H_2O 后，溶液中的 Fe^{n+} 又会被吸附到黏土表面，形成循环，不会在反应完成后的溶液中残留铁离子。

5.3.1　铁氧化物体系

铁氧化物是典型的非均相 Fenton 催化剂，具有价格低廉、环境友好、活性高等优点，更重要的是，部分铁氧化物具有磁性，便于回收利用，可在实际中得到广泛应用。目前研究最为广泛的铁氧化物主要有磁铁矿（Fe_3O_4）、赤铁矿（α-Fe_2O_3）、磁赤铁矿（γ-Fe_2O_3）、针铁矿（α-FeOOH）等。

He 等利用共沉淀法制备了磁性 Fe_3O_4 球形粒子，并将其作为非均相 Fenton 试剂用于邻苯二酚和 4-氯邻苯二酚的降解。其研究结果表明，两种污染物均能被有效降解，且对反应起主导作用的是 Fe_3O_4 表面固定的 Fe 离子与 H_2O_2 反应形成的羟基自由基和超氧自由基，而非从 Fe_3O_4 中溶出的铁离子与 H_2O_2 反应形成的强氧化性自由基。Cao 等合成磁性 γ-Fe_2O_3 作为非均相 Fenton 试剂，降解酸性蓝 74，结果表明，磁性 γ-Fe_2O_3 极易从反应溶液中分离，其重复使用活性良好且稳定。He 等研究了 UV/氧化铁/H_2O_2 体系，在该体系中比较了 α-Fe_2O_3、α-FeOOH 和 β-FeOOH 在中性 pH 下降解酸性媒介黄 10 的性能，结果表明，3 种铁氧化物在反应体系中的溶出铁离子量很小，且均能够从反应体系中分离，其中 α-FeOOH 的催化活性最高。

5.3.2　过渡金属掺杂铁氧化物体系

铁氧化物用于非均相 Fenton 反应中能够很好地克服均相 Fenton 反应中存

在的问题，但铁氧化物/H_2O_2体系存在反应时间较长、效率较低等缺陷。已有研究表明，铁氧化物进行掺杂改性，能够较好地解决铁氧化物/H_2O_2体系的问题。目前常见的掺杂金属有钛、钒、铬、锰、钴、镍、铜、锌、铝、铌、硅及镓等元素。金属掺杂能够促进铁氧化物在非均相Fenton反应中性能的改善，主要有以下两个原因：铁氧化物化学状态的改变；过渡金属掺杂能够改变铁氧化物的吸附性能。

在过渡金属掺杂铁氧化物的过程中，铁氧化物中的结构铁是被同态的金属离子替代，但是在替代过程中，会存在不等价替代，如将Ti^{4+}离子引入铁氧化物中替代Fe^{3+}，会导致部分Fe^{3+}转变为Fe^{2+}，在铁氧化物中形成氧空位，而氧空位的存在会极大地增加羟基自由基的生成，进而促进非均相Fenton反应的活性。过渡金属掺杂同时会导致铁氧化物比表面积的增加，进而增加其吸附性能，促进反应活性。最重要的是，在铁氧化物中引入过渡金属离子就意味着引入了一个氧化还原电对，会促进非均相Fenton反应过程中Fe^{3+}/Fe^{2+}的循环，进而促进Fenton反应的活性，其反应机理如图5-1所示。

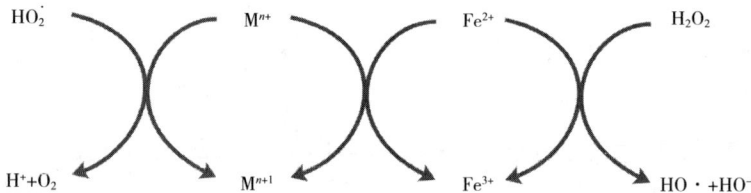

图5-1　过渡金属离子促进Fenton反应的机理

5.3.3　载体类催化剂非均相Fenton反应体系

如上所述，铁氧化物及金属掺杂铁氧化物能够应用于非均相Fenton反应体系中并克服均相Fenton反应的大部分缺陷，但铁氧化物及金属掺杂铁氧化物制备方法复杂，成本高昂，极大地限制了其大规模应用。目前，已有大量研究集中于将Fe离子固定于载体表面制备非均相Fenton试剂，在利用载体强吸附性能的同时也利用其自身与Fe离子之间的协同作用来提高催化剂的性能，且该方法制备的非均相 Fenton 试剂重复利用率较高。

活性炭为黑色多孔状的固体炭质，其比表面积位于 $500 \sim 1700 m^2/g$，已在吸附及催化剂载体方面得到广泛的应用。在非均相 Fenton 反应中，活性炭同样以其比表面积大、价格低廉、吸附效果好等优点而倍受重视。李建旭等以浸渍法制备了 Fe^{2+}/C 非均相催化剂，在非均相 Fenton 体系中，Fe^{2+}/C 对苯酚的去除率可达 92%，连续重复使用 5 次后苯酚去除率仍可达 53%。Duan 等制备了有序介孔碳材料支撑的铁催化剂（Fe/OMC），铁均匀分散在 OMC 的表面，非均相 Fenton 反应降解 4-氯苯酚结果表明，$pH=3$、$6.6mmol/L$ 的 H_2O_2，反应温度为 30℃下反应 270min 后，4-氯苯酚分解率和总有机碳（TOC）的去除率分别可达 96.1% 和 47.4%，且 3 次循环使用后 4-氯苯酚的去除率仍可达到 88%。

黏土是一种在自然界中分布广泛、价格低廉的天然矿物，具有由硅氧四面体结构单元和铝氧八面体结构单元组合而成的层状结构。此外，黏土颗粒较小，表面带有负电荷，具有与其他阳离子交换的能力，且其物理吸附性和表面化学活性很好。基于以上优点，将金属多聚阳离子插入膨胀的黏土矿物中制备得到催化剂应在非均相 Fenton 反应中有极大的应用前景。在黏土类催化剂的制备过程中，当反应温度较高时，内插的多聚阳离子会通过脱水及脱羟基反应转化成相应的氧化物将黏土矿物中的硅酸盐撑开，进而形成介孔结构，不仅能够增加黏土矿物的比表面积，而且能提高 pH 的适用范围。与此同时，非均相 Fenton 反应过程中固定在孔洞中的 Fe^{n+} 可以最大限度地减少离子的浸出量。最为重要的是，降解过程中生成的酸性中间体会使溶液 pH 降低，能够使非均相 Fenton 反应在弱酸性或中性条件下进行，且当酸性中间产物矿化成为 CO_2 和 H_2O 后，溶液中的 Fe^{n+} 又会被吸附到黏土表面，形成循环，不会在反应完成后的溶液中残留铁离子。Luo 等制备了 Fe—Al 柱撑膨润土非均相 Fenton 催化剂，并将其用于氧化降解苯酚反应中，结果表明，铁铝对催化效果起到协同作用。

5.4 杭锦凹凸棒石黏土非均相类 Fenton 反应性能评价

5.4.1 杭锦凹凸棒石黏土非均相类 Fenton 反应性能评价方式

酸化杭锦凹凸棒石黏土在非均相类 Fenton 反应中的活性以暗箱中降解溶液中甲基橙（MO，40mg/L）来评价。将 0.1g 酸化杭锦凹凸棒石黏土加到 100mL 甲基橙溶液中，加入 0.2mmol 双氧水，置于暗箱中即为反应开始。每隔 5min 抽取一定体积的反应溶液，使用水系微孔滤膜（孔径为 0.22μm）滤去催化剂颗粒后，用 TU1901 型分光光度计在 464nm 处测量溶液的吸光度，MO 的降解效率由下式表示。

$$\eta = (C_0 - C) / C_0 \times 100\%$$

式中：C_0——反应开始前 MO 溶液的吸光度；

C——反应任一时间 MO 溶液的吸光度。

5.4.2 杭锦凹凸棒石黏土非均相类 Fenton 反应中自由基的捕获

选取活性最佳的酸化杭锦凹凸棒石黏土非均相类 Fenton 降解甲基橙的反应体系测试反应过程中起主要作用的氧化性自由基。自由基捕获试剂选取乙醇（EtOH）、叔丁醇（t-BuOH）及对苯醌（p-BuOH），乙醇主要捕获羟基自由基及硫酸根自由基，叔丁醇主要捕获羟基自由基，而对苯醌则主要捕获超氧自由基。反应过程中为确保自由基捕获的准确性，捕获剂均为过量添加，在 100mL 甲基橙溶液中分别添加乙醇 20mmol、叔丁醇 20mmol 及对苯醌 0.02g。为了确保试验结果准确，选取另一常用的羟基自由基捕获剂乙酰水杨酸对反应过程中的自由基进行捕获，对比分析检测，乙酰水杨酸用量为 0.02g。

5.4.3　杭锦凹凸棒石黏土非均相类 Fenton 反应性能评价结果分析

图 5-2 为杭锦凹凸棒石黏土在非均相类 Fenton 反应中对甲基橙溶液的降解结果。由图可知，杭锦凹凸棒石黏土单独存在时对甲基橙溶液几乎没有降解能力，说明杭锦凹凸棒石黏土对甲基橙的吸附能力很弱，且 0.2mmol 的过氧化氢溶液单独存在时对 100mL 甲基橙溶液（40mg/L）的降解效果很弱。以稀硫酸溶液调节反应溶液的 pH，在酸性条件下，0.2mmol 过氧化氢溶液对 100mL 甲基橙溶液（40mg/L）有一定的降解效果，约 20% 的甲基橙溶液于 5min 内被降解。不调节溶液 pH，杭锦凹凸棒石黏土与 H_2O_2 同时存在，对甲基橙溶液的降解同样没有效果。但酸性条件下，杭锦凹凸棒石黏土与 0.2mmol H_2O_2 同时存在的情况下，约 40% 的甲基橙溶液于 40min 内被降解，说明在酸性条件下，杭锦凹凸棒石黏土在非均相类 Fenton 反应中对甲基橙溶液有一定的降解效果。杭锦凹凸棒石黏土为含有 Fe_2O_3 的天然黏土，而 Fe_2O_3 作为一种非均相类 Fenton 试剂对 H_2O_2 进行分解能够产生强氧化性的羟基自由基，故杭锦凹凸棒石黏土在非均相反应中有一定的催化能力起主要作用的可能为 Fe_2O_3。

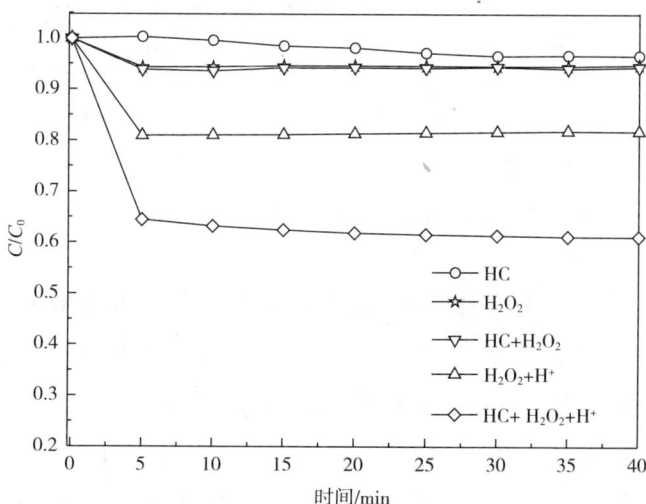

图 5-2　甲基橙在杭锦凹凸棒石黏土/过氧化氢/ H^+ 体系中的降解

5.4.4 酸化杭锦凹凸棒石黏土非均相类 Fenton 反应性能评价结果分析

图 5-3 为酸化杭锦凹凸棒石黏土在非均相类 Fenton 反应中对甲基橙溶液的降解结果。由图可知，酸化杭锦凹凸棒石黏土对甲基橙溶液有一定的吸附性。未添加酸溶液对甲基橙溶液的 pH 进行调节，直接将酸化杭锦凹凸棒石黏土与过氧化氢溶液添加到甲基橙溶液中，100mL 甲基橙溶液（40mg/L）在 40min 内被完全降解。以上结果说明，在非均相类 Fenton 反应体系中，酸化杭锦凹凸棒石黏土对甲基橙溶液有很好的降解效果。

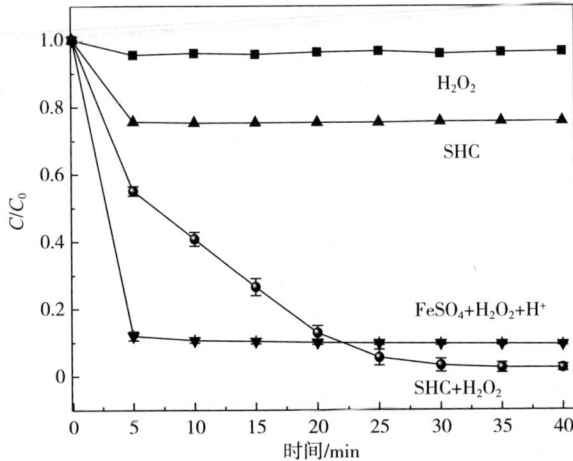

图 5-3　甲基橙在酸化杭锦凹凸棒石黏土、过氧化氢、酸化杭锦凹凸棒石黏土/过氧化氢、$H^+/Fe^{2+}/H_2O_2$ 体系中的降解

为了对比说明，取 0.1g 硫酸亚铁在酸性条件下对 100mL 甲基橙溶液（40mg/L）进行降解，由图 5-3 可知，在 5min 内，约 90% 的甲基橙溶液被降解，但在后 35min 内，甲基橙溶液的浓度完全没有变化。

由以上分析可知，酸化杭锦凹凸棒石黏土非均相类 Fenton 反应降解甲基橙的活性要优于同等质量硫酸亚铁均相 Fenton 反应降解甲基橙的活性，且酸化杭锦凹凸棒石黏土在反应过程中没有被完全溶解，能够重复利用，而硫酸亚铁是一次性的反应试剂。

5.4.5　杭锦凹凸棒石黏土非均相类 Fenton 反应中的氧化性自由基

为了确定酸化杭锦凹凸棒石黏土在非均相类 Fenton 反应过程中起主要作用的基团，选取乙醇（EtOH）、叔丁醇（t-BuOH）及对苯醌（p-BQ）对反应过程中主要的反应基团进行检测。EtOH 可用来捕获反应中的过硫酸自由基（$\cdot SO_4^-$），羟基自由基（$\cdot OH$）；t-BuOH 可捕获反应中的 $\cdot OH$；而 p-BQ 则可用来捕获反应中的超氧自由基（$\cdot O_2^-$）。图 5-4 为酸化杭锦凹凸棒石黏土在非均相 Fenton 反应过程中添加不同的检测试剂时对甲基橙溶液的降解结果。由图可知，添加 EtOH 与 t-BuOH 对反应均有明显的抑制作用，甲基橙的降解率下降了约 50%，两者对反应的抑制效果几乎相同，说明反应过程中不存在 $\cdot SO_4^-$，起主要作用的基团为 $\cdot OH$。当 p-BQ 添加到反应溶液中时，甲基橙的降解效率几乎没有变化，说明反应溶液中不存在 $\cdot O_2^-$。以上现象说明，在反应过程中没有 $\cdot SO_4^-$ 参与 $\cdot O_2^-$ 反应，在反应过程

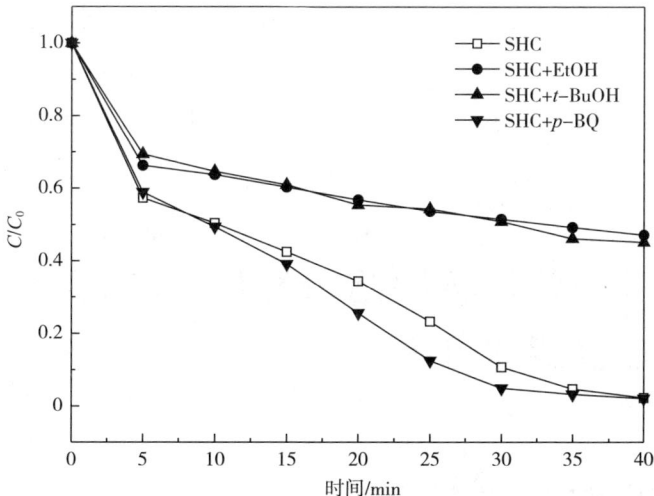

图 5-4　EtOH，t-BuOH 和 p-BQ 对 SHC/H_2O_2 体系降解甲基橙溶液过程中自由基的捕获试验

中起主导作用的基团为·OH。

为了进一步确认酸化杭锦凹凸棒石黏土在非均相类 Fenton 反应中起主要作用的氧化性基团，试验又选取了羟基自由基的另一种捕获剂，乙酰水杨酸（acetylsalicylic acid，ASA）对反应过程中的氧化性自由基进行了检测，如图 5-5 所示。由图可知，甲基橙的降解效率在添加 0.02g ASA 后下降了 30%左右，同样证明了反应过程中起主要作用的氧化性自由基为羟基自由基。

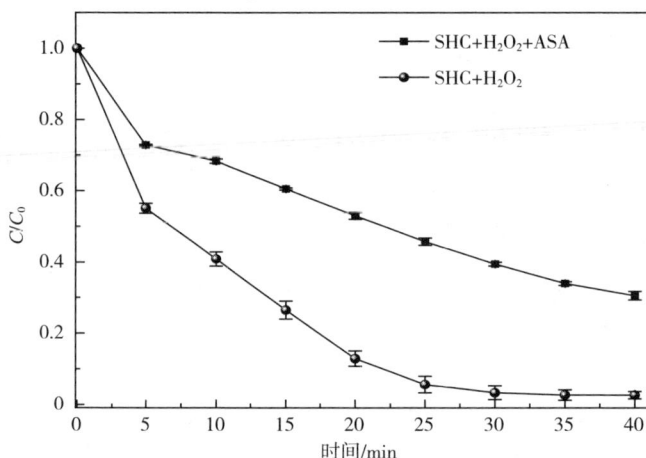

图 5-5　ASA 对 SHC/H$_2$O$_2$体系降解甲基橙溶液过程中自由基的捕获试验

5.5 影响酸化杭锦凹凸棒石黏土非均相类 Fenton 反应性能的因素

5.5.1　催化剂投加量的影响

图 5-6 所示为 H$_2$O$_2$投加量为 0.2mmol，酸化杭锦凹凸棒石黏土投加量为 0.01～0.15g 时非均相类 Fenton 反应降解 100mL 甲基橙溶液（40mg/L）的试

验结果。由图可知，随着酸化杭锦凹凸棒石黏土含量的增加，甲基橙的降解效率也随之增加。当酸化杭锦凹凸棒石黏土的投加量为 0.1g 时，甲基橙的降解效率达到最大，再增加其用量，甲基橙的降解效率也不会随之增加。以上结果说明，酸化杭锦凹凸棒石黏土合适的投加量为 0.1g。随着杭锦凹凸棒石黏土的增加，H_2O_2 分解生成的 ·OH 含量也随之增加，当杭锦凹凸棒石黏土的含量为 0.1g 时，H_2O_2 的分解率达到最大，再增加酸化杭锦凹凸棒石黏土的量，H_2O_2 分解产生的 ·OH 也不会增加。

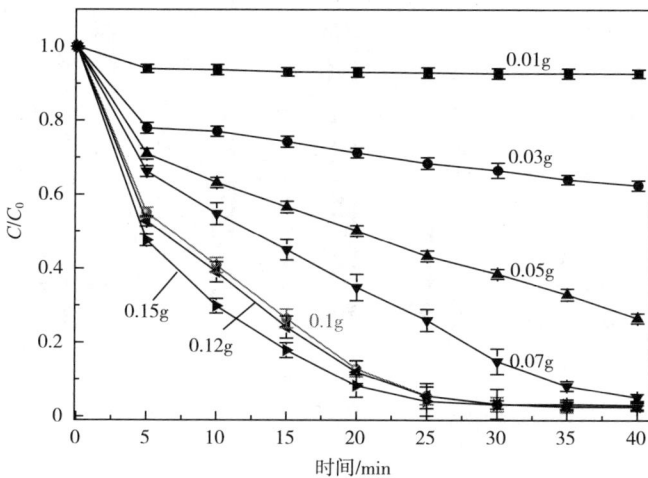

图 5-6　H_2O_2 投加量 0.2mmol 时，SHC 投加量对 Fenton 反应活性的影响

5.5.2　H_2O_2 投加量的影响

图 5-7 所示为 0.1 g 酸化杭锦凹凸棒石黏土非均相类 Fenton 反应降解甲基橙溶液（40mg/L）时不同用量（0.2mmol，0.4mmol，0.6mmol 和 0.8mmol）H_2O_2 对反应活性的影响。由图 5-7（a）可知，随着反应过程中 H_2O_2 用量的增加，甲基橙的降解率先增加后减小。当 H_2O_2 的用量为 0.4mmol 时，甲基橙的降解效率达到最大。由此说明，在反应过程中最佳的 H_2O_2 用量为 0.4mmol。随着反应中 H_2O_2 含量的增加，其分解产生的 ·OH 含量也随之增加，故而 H_2O_2 含量较低时，增加其用量会促进甲基橙溶液降解效率的提升；但当 H_2O_2

用量过多时，过量的 H_2O_2 会与其自身分解产生的 $\cdot OH$ 发生下列反应：

$$HO\cdot + H_2O_2 \longrightarrow H_2O + HO_2\cdot \tag{5-19}$$

$$HO\cdot + HO_2\cdot \longrightarrow H_2O + O_2 \tag{5-20}$$

反应生成的 $HO_2\cdot$ 是一种氧化能力较弱的自由基，且其会进一步与 $\cdot OH$ 反应生成水，进而抑制 Fenton 反应的进行。

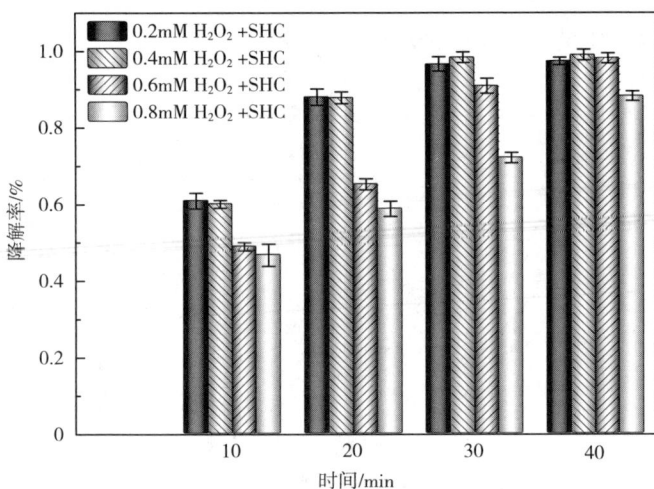

（a）H_2O_2用量对甲基橙在SHC/H_2O_2体系中降解率的影响

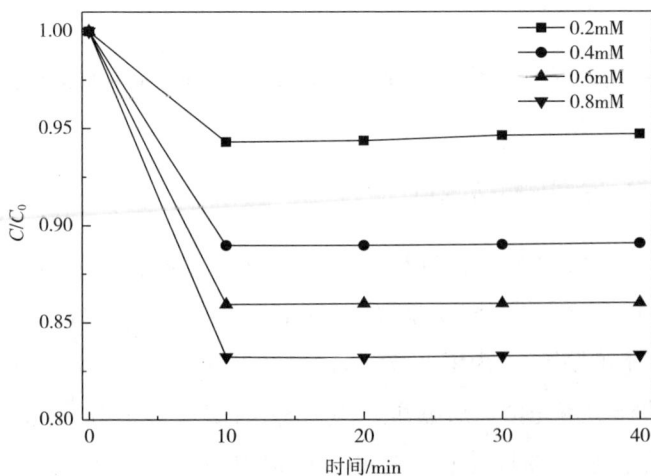

（b）不同用量H_2O_2单独降解甲基橙的试验结果

图 5-7　H_2O_2 用量对非均相类 Fenton 反应降解甲基橙溶液的试验结果

图 5-7（b）为不同用量（0.2mmol，0.4mmol，0.6mmol 和 0.8mmol）的 H_2O_2 单独存在时对甲基橙溶液的降解结果。由图可知，随着反应体系中 H_2O_2 用量的增加，H_2O_2 自身对甲基橙溶液的氧化分解也随之增加。但酸化杭锦凹凸棒石黏土非均相类 Fenton 反应是要体现其自身的催化性能，而非 H_2O_2 的性能，且由图 5-7（a）可知，H_2O_2 用量为 0.2mmol 与 0.4mmol 时，甲基橙的降解效率在 40min 内是相同的，故而，在试验体系中选取 0.2mmol 为 H_2O_2 的最佳用量。

5.5.3　酸处理浓度的影响

图 5-8 为酸处理浓度对酸化杭锦凹凸棒石黏土在非均相类 Fenton 反应中活性的影响。由图 5-8（a）可知，随着酸处理浓度的增加，酸化杭锦凹凸棒石黏土的活性先增加后减小，当硫酸浓度为 5% 时，酸化杭锦凹凸棒石黏土的活性最好，在 40min 内能将甲基橙溶液完全降解。为了解释这一现象，对不同酸浓度处理得到的酸化杭锦凹凸棒石黏土进行 NH_3-TPD 分析，选取天津先权公司 TP-5080 型全自动多用吸附仪进行测定，氨气为吸附气对样品的酸性进行分析。程序升温速率为 5℃/min（控制精度为 ±0.2% FS），吸附炉温度为

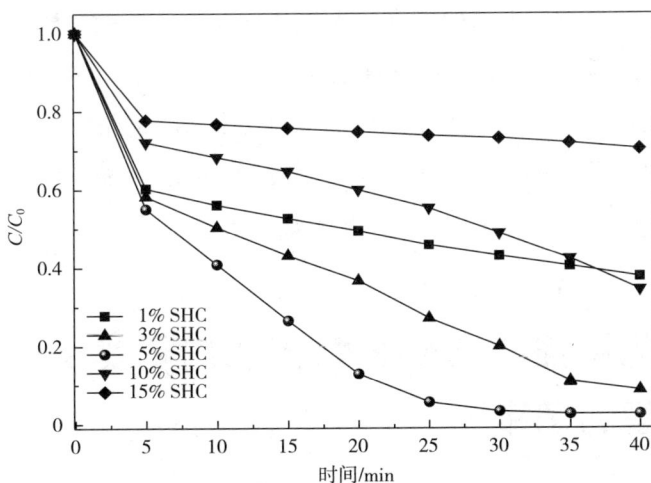

（a）酸处理浓度对甲基橙在 SHC/ H_2O_2 体系中降解率的影响

图 5-8

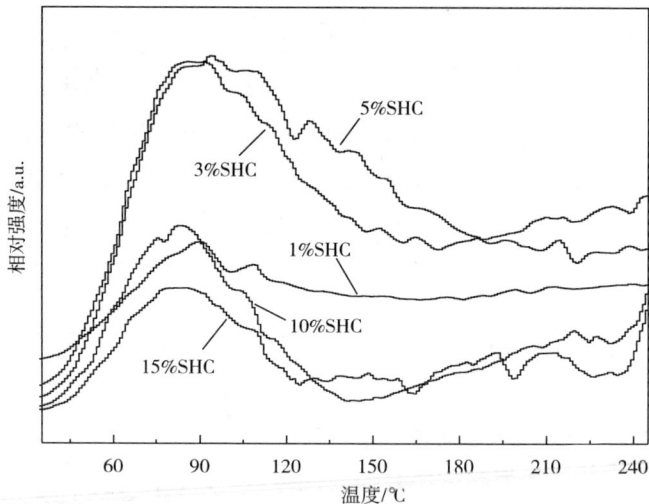

（b）不同浓度酸处理得到的酸化杭锦凹凸棒石黏土的NH₃-TPD谱图

图 5-8　酸处理浓度对甲基橙在 SHC/ H_2O_2 体系中降解率的影响及不同

浓度酸处理得到的酸化杭锦凹凸棒石黏土的 NH₃-TPD 谱图

600℃，结果如图 5-8（b）所示。由图 5-8（b）可知，随着酸浓度的增加，酸化杭锦凹凸棒石黏土表面的酸强度先增加后减小，当酸处理浓度为 5% 时，酸化杭锦凹凸棒石黏土表面的酸强度最大，与图 5-8（a）中的降解结果相一致。又由酸化杭锦凹凸棒石黏土的吡啶红外分析知，经稀硫酸处理后，在酸化杭锦凹凸棒石黏土的表面出现了 Lewis 酸与 Brønsted 酸，由此说明，Lewis 酸与 Brønsted 酸是影响酸化杭锦凹凸棒石黏土活性的一个重要因素。

5.6 酸化杭锦凹凸棒石黏土非均相类 Fenton 反应重复利用率

众所周知，催化剂的重复使用率是评价催化剂性能的重要指标，尤其对于非均相 Fenton 试剂来说，其重复性及稳定性更是关系到污水的后续处理，显得尤为重要。图 5-9 为酸化杭锦凹凸棒石黏土在非均相类 Fenton 反应中的重复利用率试验结果。由图可知，在酸化杭锦凹凸棒石黏土初次反应完成后，离心分离，并于 90℃ 下烘干，将所得使用过的酸化杭锦凹凸棒石黏土再次投入 Fenton 反应降解甲基橙溶液时，甲基橙溶液的降解效率急剧降低。第二～第四次的重复试验进一步证明，尽管酸化杭锦凹凸棒石黏土是一种非均相类 Fenton 试剂，但是其重复使用性较差。造成这一现象的主要原因有以下几点。

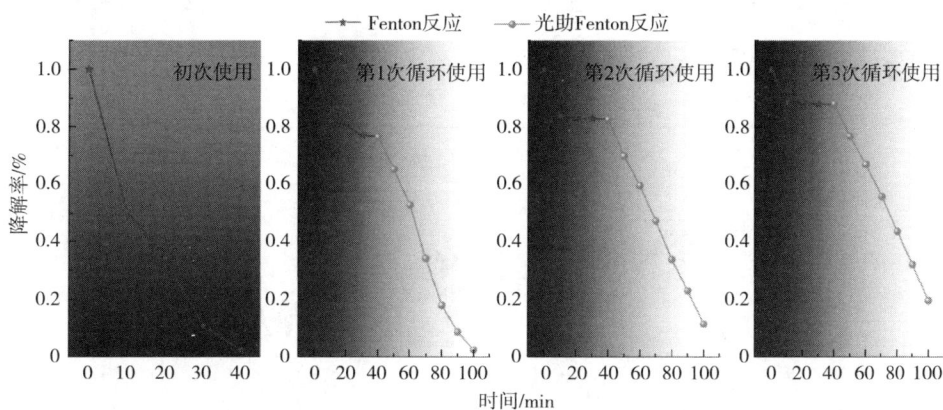

图 5-9　酸化杭锦凹凸棒石黏土 Fenton 反应降解甲基橙的重复使用性

（1）酸化杭锦凹凸棒石黏土表面铁离子在反应中不断溶解于反应溶液中，导致在重复试验过程中初始参与反应的酸化杭锦凹凸棒石黏土表面铁离子浓度降低，浓度的降低导致分解 H_2O_2 产生 ·OH 的反应速率下降，甚至不能使反应进行。

（2）酸化杭锦凹凸棒石黏土表面的活性反应位点在反应过程中被甲基橙覆盖。根据非均相 Fenton 反应的机理，H_2O_2 必须首先吸附于酸化杭锦凹凸棒石黏土表面，才能有效地被分解产生 ·OH。当甲基橙在酸化杭锦凹凸棒石黏土表面产生大量吸附时，会导致 H_2O_2 分解产生 ·OH 的反应速率降低，或无法产生 ·OH。

为了找出确切的原因，对使用前的酸化杭锦凹凸棒石黏土与使用后的酸化杭锦凹凸棒石黏土做 X 射线光电子能谱分析，如图 5-10 所示。由图可知，使用前酸化杭锦凹凸棒石黏土的 XPS 谱图中存在明显的 Fe^{3+} 与 Fe^{2+} 的特征峰，而使用后的酸化杭锦凹凸棒石黏土中 Fe^{3+} 与 Fe^{2+} 的特征峰强度明显减弱，说明在非均相类 Fenton 反应过程中部分的 Fe^{3+} 与 Fe^{2+} 不可逆地溶解在反应溶液中，使在重复试验过程中初始的 Fe^{3+} 与 Fe^{2+} 浓度不够，不足以引发 Fenton 反应的进行。与此同时，对每次的反应溶液中的铁离子浓度进行测定，发现其初次使用烘干后，再次投入反应中时，反应溶液中的铁离子含量明显下降，结果见表 5-2。结合反应前后杭锦凹凸棒石黏土中 Fe 2p 的 XPS 谱图，可以确认导致酸化杭锦凹凸棒石黏土重复使用性不好的主要原因是酸化杭锦凹凸棒石黏土表面铁离子在反应过程中的溶解。

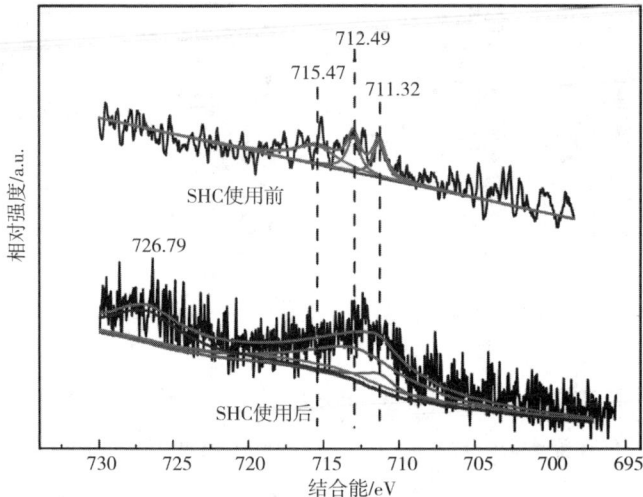

图 5-10　SHC 使用前后的 Fe 2p XPS 谱图

表 5-2　Fe^{2+} 在循环反应溶液中的浓度

循环使用次数	非循环反应	第 1 次循环	第 2 次循环	第 3 次循环
Fe^{2+} 浓度/（mg/L）	12.00	8.26	8.11	7.13

为了进一步确认酸化杭锦凹凸棒石黏土能否成为一种可以重复使用的非均相类 Fenton 试剂，在初次使用酸化杭锦凹凸棒石黏土后，在重复试验过程中，增加 20 W 的 LED 灯对酸化杭锦凹凸棒石黏土的重复使用进行辅助。结

果表明，在有光存在的条件下，酸化杭锦凹凸棒石黏土是一种有效的、可以重复使用的非均相 Fenton 试剂，且在三次重复使用之后，酸化杭锦凹凸棒石黏土对甲基橙溶液的降解效率仍能达到 80% 以上，结果如图 5-9 所示。

LED 灯照射下（图 5-11），H_2O_2 能够直接被分解为 $\cdot OH$，在一定程度上对 Fenton 反应的进行起到辅助作用。与此同时，LED 光源能够促进酸化杭锦凹凸棒石黏土表面 Fe^{3+}/Fe^{2+} 氧化还原电对之间的循环反应，其具体反应过程如下：

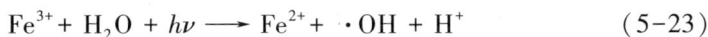

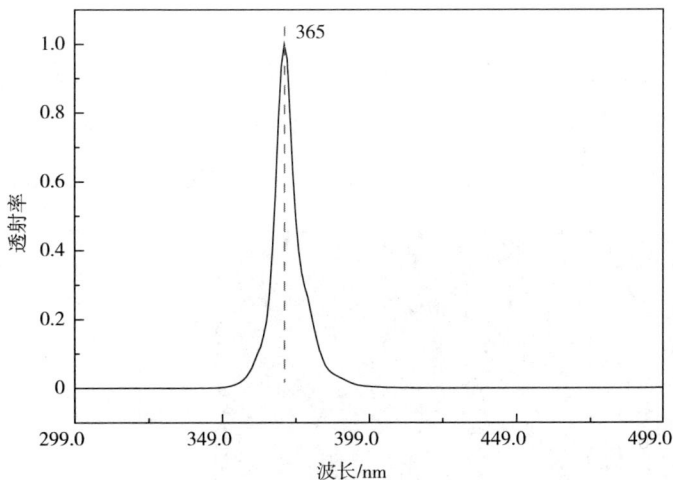

$$Fe^{2+} + H_2O_2 + H^+ \longrightarrow Fe^{3+} + H_2O + \cdot OH \qquad (5-21)$$

$$Fe^{3+} + H_2O_2 \longrightarrow Fe^{2+} + HO_2 \cdot + H^+ \qquad (5-22)$$

$$Fe^{3+} + H_2O + h\nu \longrightarrow Fe^{2+} + \cdot OH + H^+ \qquad (5-23)$$

图 5-11　LED 灯光谱

故光的参与能够使酸化杭锦凹凸棒石黏土作为一种可重复使用的非均相 Fenton 催化剂。

5.7 非均相类 Fenton 反应中杭锦凹凸棒石黏土基本性质分析

5.7.1 形貌和元素分析

采用 Hitachi S-3400 型扫描电子显微镜的聚焦高能电子束对样品进行扫描电镜分析，从而得到样品的宏观结构及微观结构的形态形貌。使用 Bruker QUANTAX 200 型能谱检测器（附于 Hitachi S-3400 型扫描电子显微镜）对样品进行成分分析，利用不同元素的特征能量不同对样品中的元素成分组成进行观察与分析。

图 5-12 所示为杭锦凹凸棒石黏土（HC）及 5% 硫酸溶液处理得到的酸化杭锦凹凸棒石黏土（5%SHC）的 SEM 及 EDS 分析结果。由图可知，经过硫酸处理后，HC 中层片包裹状大颗粒数量减少，酸化杭锦凹凸棒石黏土中层片

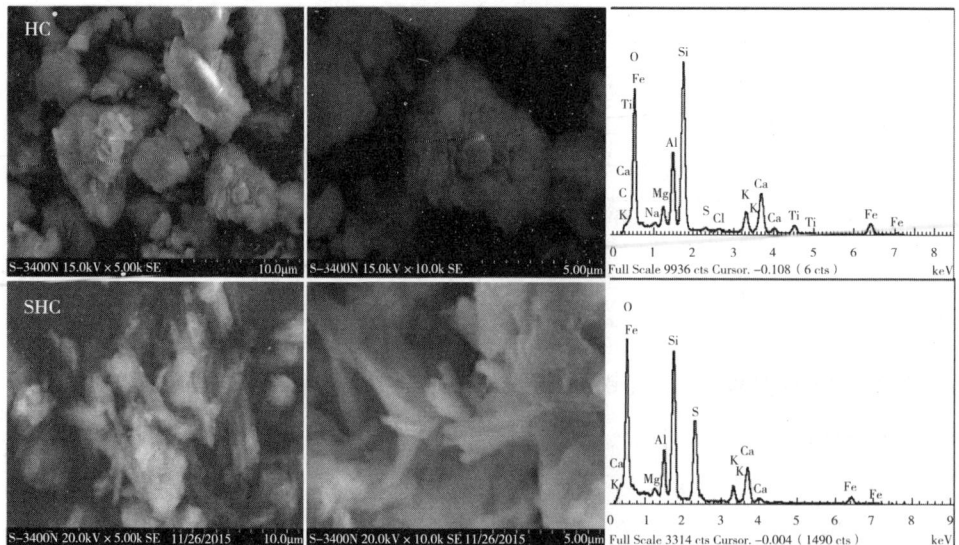

图 5-12　杭锦凹凸棒石黏土及酸化杭锦凹凸棒石黏土的 SEM 及 EDS 分析

状物质增多，说明硫酸处理改变了杭锦凹凸棒石黏土的形貌，使其由包裹型颗粒转变为层片状物质。产生这一现象的原因为硫酸处理使杭锦凹凸棒石黏土层状片间的离子与氢离子发生交换反应，同时也影响了杭锦凹凸棒石黏土中的以硅氧四面体为主的晶型结构，图 5-12 中的 EDS 分析结果也证明了这一现象。由 EDS 分析结果可知，经过硫酸处理后，杭锦凹凸棒石黏土中的 Si、Al 成分明显减少。为了更为精确地说明硫酸处理对杭锦凹凸棒石黏土中各元素成分的影响，杭锦凹凸棒石黏土及酸化杭锦凹凸棒石黏土元素分析结果列于表 5-3。

表 5-3　杭锦凹凸棒石黏土及酸化杭锦凹凸棒石黏土元素分析结果（%）

元素	O	Mg	Al	Si	S	K	Ca	Fe	其他
HC	70.61	1.99	5.77	13.03	0.29	1.54	3.17	1.64	1.95
SHC	73.08	0.75	3.48	10.89	6.55	1.28	2.87	1.09	0.01

由表 5-3 可知，经过硫酸处理后，杭锦凹凸棒石黏土中各元素含量发生明显变化，其中 S、O 元素含量明显增加，而其他元素的含量均有所下降。这一现象说明，硫酸处理使杭锦凹凸棒石黏土中部分元素溶出，同时，在酸化杭锦凹凸棒石黏土中引入了 S 元素；Si、Al 元素的降低是由于硫酸部分破坏了杭锦凹凸棒石黏土中主要的硅氧四面体及铝氧八面体结构，K、Ca、Mg 等元素含量的降低是由于硫酸中的 H^+ 发生离子交换。综合以上分析可知，硫酸处理使杭锦凹凸棒石黏土的形貌、结构同时发生改变。

5.7.2　元素组成和化学状态分析

图 5-13 为杭锦凹凸棒石黏土和酸化杭锦凹凸棒石黏土 Si 2p、Al 2p、O 1s、Fe 2p、Ca 2p 及 S 2p 的 X 射线光电子能谱（XPS）精细谱图。由图 5-13（a）和（b）可知，经稀硫酸处理后，杭锦凹凸棒石黏土中 Si 2p 的结合能由 103.06eV 移动至 103.28eV，Al 2p 的结合能由 74.88eV 移动至 74.92eV。Si 及 Al 结合能的偏移说明酸化杭锦凹凸棒石黏土中的骨架结构发生了变化；与此同时，Al 2p 的谱图峰面积有所下降，说明在稀硫酸处理过程中部分 Al

元素被溶出。由图 5-13（c）可知，经稀硫酸处理后，杭锦凹凸棒石黏土中 O 1s 在 532.54eV 及 531.41eV 的两个峰变为酸化杭锦凹凸棒石黏土中位于 532.63eV 处的一个峰，这一现象说明，硫酸处理不仅改变了杭锦凹凸棒石黏土的骨架结构，同时也改变了杭锦凹凸棒石黏土中的羟基自由基，这一现象与红外光谱分析结果相一致。图 5-13（d）为杭锦凹凸棒石黏土及酸化杭锦凹凸棒石黏土中 Fe 2p 的 XPS 谱图。在杭锦凹凸棒石黏土中，Fe 2p 位于 710.83eV 及 724.32eV 处，表明杭锦凹凸棒石黏土中的 Fe 元素以 Fe^{3+} 的形式存在；而在酸化杭锦凹凸棒石黏土中，Fe 2p 的 XPS 谱图在 713.02eV、711.32eV 及 715.48eV 处出现了三个峰，说明酸化杭锦凹凸棒石黏土中 Fe 元素为 Fe^{2+} 和 Fe^{3+} 共存，其中，715.48eV 处为 Fe^{2+} 的特征峰。图 5-13（e）为硫酸处理前后杭锦凹凸棒石黏土中 Ca 2p 的 XPS 谱图。由图可知，杭锦凹凸棒石黏土 Ca 2p 的结合能 347.89eV 和 351.66eV，分别对应于 $CaCO_3$ 中 Ca $2p^{3/2}$ 及 $2p^{1/2}$ 轨道，经稀硫酸处理后，Ca 2p 的结合能变为 348.41eV 及 352.01eV。说明稀硫酸处理使杭锦凹凸棒石黏土中的 $CaCO_3$ 转变为 $CaSO_4$。图 5-13（f）为酸化杭锦凹凸棒石黏土中 S 2p 的 XPS 谱图，其结合能位于 169.74eV 处，说明酸化杭锦凹凸棒石黏土中 S 元素主要存在于 $CaSO_4$ 中。

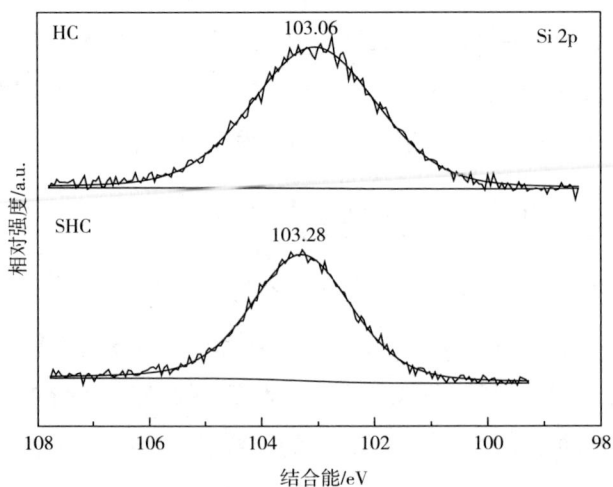

（a）Si 2p

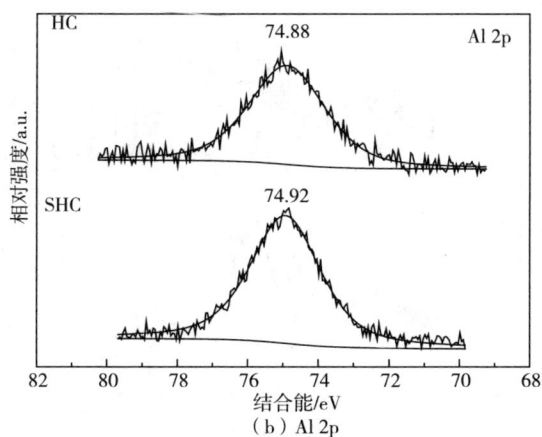

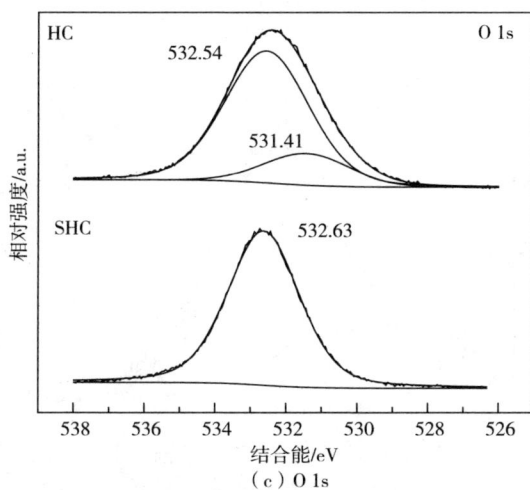

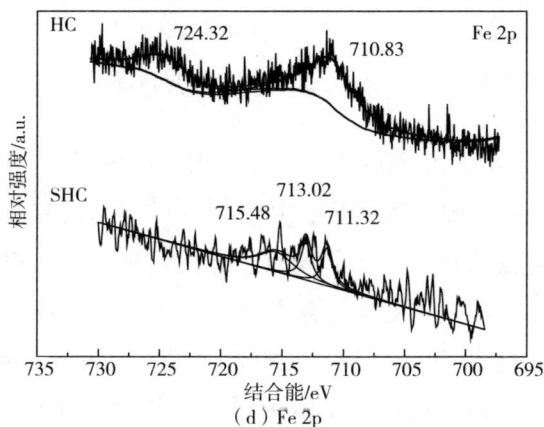

（b）Al 2p

（c）O 1s

（d）Fe 2p

图 5-13

(e) Ca 2p

(f) S 2p

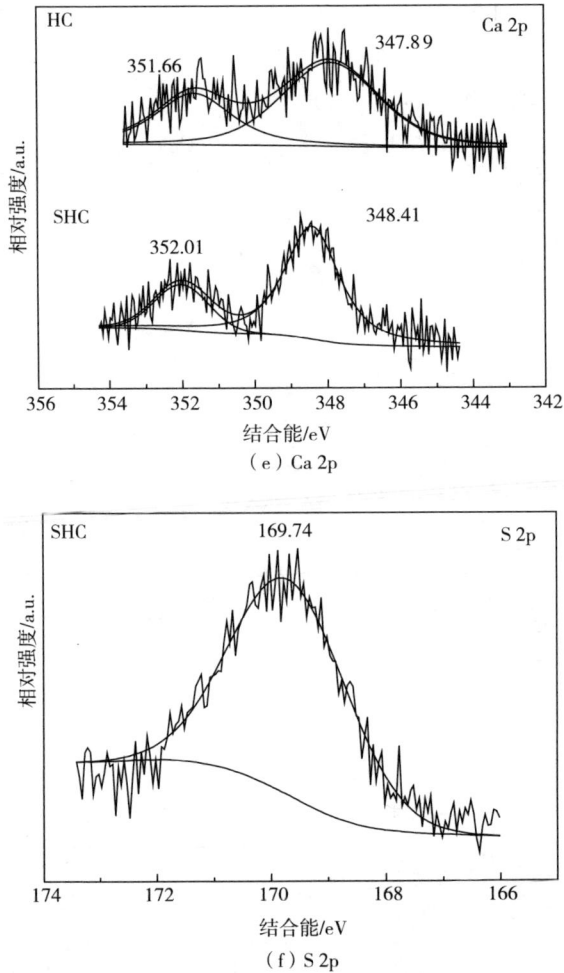

图 5-13　杭锦凹凸棒石黏土及酸化杭锦凹凸棒石黏土的 XPS 分析

通过以上对杭锦凹凸棒石黏土及酸化杭锦凹凸棒石黏土的表征分析可知，杭锦凹凸棒石黏土经稀硫酸处理后，其主要的骨架结构有所变化，其形貌由层片状团聚颗粒转变为片状结构；同时，硫酸处理后，杭锦凹凸棒石黏土中的 $CaCO_3$ 转变为 $CaSO_4$，Fe 元素的存在状态由单一的 Fe^{3+} 变为 Fe^{2+} 和 Fe^{3+} 共存。酸化过程会在杭锦凹凸棒石黏土的表面引入 Brønsted 酸。$CaCO_3$ 转变为 $CaSO_4$ 会使非均相 Fenton 反应的反应效率更高，而 Brønsted 酸的存在会抑制非均相 Fenton 反应中 H_2O_2 向 HO_2^- 的转变，提高 H_2O_2 的利用率。

5.8 杭锦凹凸棒石黏土的非均相类 Fenton 反应机理推测

　　基于上述表征及试验结果，对酸化杭锦凹凸棒石黏土的非均相类 Fenton 反应机理进行探讨，其原理如图 5-14 所示。杭锦凹凸棒石黏土经硫酸活化后，在其表面形成了 Fe^{3+} 与 Fe^{2+} 共存的状态，且硫酸使杭锦凹凸棒石黏土表面 Lewis 酸含量增加的同时又产生了 Brønsted 酸。Fe^{2+} 的形成能够促进 H_2O_2 分解产生更多的 $\cdot OH$ 与 Fe^{3+}，而 Fe^{3+} 又能与 H_2O_2 反应生成 Fe^{2+}，形成 Fe^{3+} 与 Fe^{2+} 之间的循环，促使 $\cdot OH$ 的生成，反应式如下所示：

$$Fe^{2+} + H_2O_2 \longrightarrow Fe^{3+} + \cdot OH + OH^- \qquad (5-24)$$

$$Fe^{3+} + H_2O_2 \longrightarrow Fe^{2+} + \cdot OOH + H^+ \qquad (5-25)$$

$$H_2O_2 \longrightarrow HO_2^- + H^+ \qquad (5-26)$$

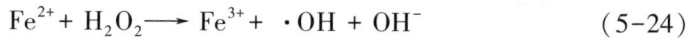

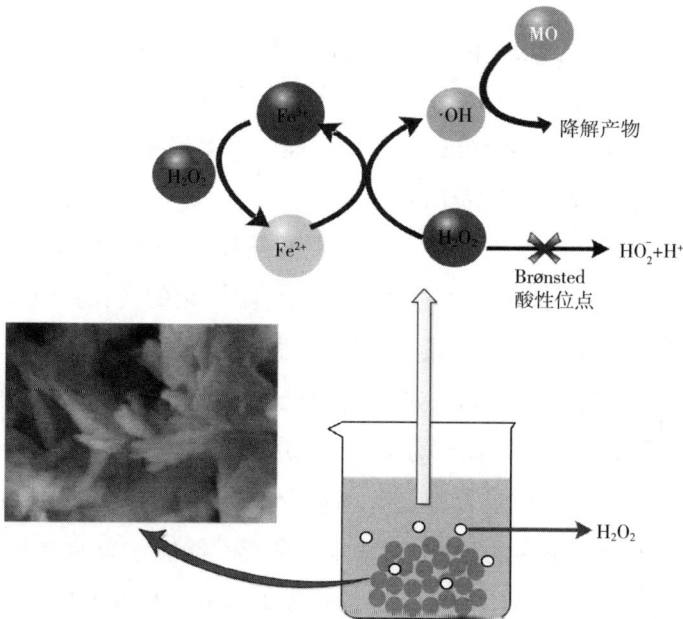

图 5-14　SHC/H_2O_2 体系在降解甲基橙时产生羟基自由基的机理

此外，由 py-FTIR 分析可知，在酸化杭锦凹凸棒石黏土表面有 Lewis 酸与 Brønsted 酸的存在，Brønsted 酸能够提供质子（H^+）。当 H_2O_2 被质子包围时，其分解产生 HO_2^- 的反应会被抑制，进而提供更多的 ·OH；Lewis 酸的存在能够作为一个电子受体，促使 Fe^{2+}/Fe^{3+} 之间的循环反应，也在一定程度上提升了酸化杭锦凹凸棒石黏土的 Fenton 反应活性。与此同时，Lewis 酸的存在能够增加催化剂表面吸附氧（O_{ad}）的含量，而 Fe^{2+} 能够被 O_{ad} 氧化为 Fe^{3+}，进一步促进 Fe^{2+}/Fe^{3+} 之间的循环。在氧化过程中，电子转移到 O_{ad} 形成 $·O_2^-$，$·O_2^-$ 能够与 Brønsted 酸提供的质子反应形成 ·OH，·OH 与 $·O_2^-$ 均为氧化性自由基，能够氧化分解污染物，促进 Fenton 反应的活性。

5.9 本章小结

将杭锦凹凸棒石黏土应用于非均相类 Fenton 反应中，发现其具有一定的非均相类 Fenton 反应活性，说明杭锦凹凸棒石黏土原土可以作为一种有效的非均相类 Fenton 试剂使用。但杭锦凹凸棒石黏土原土的非均相类 Fenton 活性并不高，为此选取能够置换杭锦凹凸棒石黏土中对 Fenton 反应有负面影响的 CO_3^{2-} 的稀硫酸对杭锦凹凸棒石黏土进行改性，以溶液中甲基橙非均相类降解反应评价酸化杭锦凹凸棒石黏土的活性。

SEM 结果表明，经过酸处理后的杭锦凹凸棒石黏土中层状片结构增加，说明酸处理使得杭锦凹凸棒石黏土的形貌发生了一定的变化；EDS 结果表明，杭锦凹凸棒石黏土中部分铝元素被溶出，说明铝氧八面体结构被部分破坏，XPS 表征结果也同样证明了这一点；酸化杭锦凹凸棒石黏土表面出现了明显的 Brønsted 酸位的特征峰，而已有 Lewis 酸并没有减少。

在非均相 Fenton 反应过程中，Brønsted 酸能够提供质子，抑制 H_2O_2 分解产生 HO_2^-，进而提供更多的 ·OH；Lewis 酸的存在能够作为一个电子受体，促使 Fe^{2+}/Fe^{3+} 之间的循环反应，也在一定程度上提升了酸化杭锦凹凸棒石黏土的 Fenton 反应活性。

甲基橙的非均相 Fenton 降解反应结果表明，酸化杭锦凹凸棒石黏土在不改变被降解溶液 pH 的条件下，40min 内能够将模拟污染物甲基橙（40mg/L）完全降解。

自由基捕获试验结果表明，酸化杭锦凹凸棒石黏土作为一种有效的非均相 Fenton 反应试剂，其反应过程中起主要作用的氧化性基团为羟基自由基。

稳定性试验结果表明，酸化杭锦凹凸棒石黏土能够重复利用，但稳定性不理想，在有光存在的条件下可以作为一种稳定的非均相 Fenton 试剂使用。

第6章

杭锦凹凸棒石黏土光助非均相类Fenton反应降解印染污水研究

6.1 光助 Fenton 反应

6.1.1 光助 Fenton 反应技术简介

1991 年，美国环保局的 Zepp 和瑞士水资源与水污染控制研究所的 Faust、Holgen 研究了光照下的 Fenton 反应，发现 Fenton 体系中正辛醇、2-甲基-2-丙醇、硝基苯的降解速率在光照下快速提高，表明光照可以有效地促进 Fenton 体系中有机物的降解速率。该发现使光助 Fenton 技术处理有机废水被广泛研究。光助 Fenton 技术具有光催化效率高、氧化能力极强等优点，在处理高浓度、难降解、有毒有害废水方面表现出比其他方法更多的优势。与非均相的光催化相比，光助 Fenton 反应效率更高。有数据表明，均相光助 Fenton 反应对有机物的降解速率可达到非均相光催化的 3~5 倍，更易将有机物彻底矿化。但光助 Fenton 反应技术不足之处仍是运行成本较高，Fe^{2+} 作为催化剂反应后仍会留在溶液中造成残留铁泥。

6.1.2 光助 Fenton 反应作用机理

在 Fe^{2+}/H_2O_2 体系中引入紫外光后，H_2O_2 在紫外光（$\lambda < 300nm$）照射条件下产生 $\cdot OH$。

$$H_2O_2 + h\nu \longrightarrow 2 \cdot OH \tag{6-1}$$

Fe^{2+} 在紫外光照射条件下，可以部分转化为 Fe^{3+}，所转化的 Fe^{3+} 在 pH = 5.5 的介质中可以水解生成 $Fe(OH)^{2+}$，$Fe(OH)^{2+}$ 在紫外光（$\lambda < 300nm$）作用下又可以转化为 Fe^{2+}，同时产生 $\cdot OH$。

$$Fe^{2+} + H_2O_2 + h\nu \longrightarrow Fe(OH)^{2+} + —OH \tag{6-2}$$

$$Fe(OH)^{2+} + h\nu \longrightarrow Fe^{2+} + \cdot OH \tag{6-3}$$

上述反应的存在使得 H_2O_2 的分解速率远大于 Fe^{2+} 和紫外光催化 H_2O_2 分解速率的简单加和。

近年来，有研究者利用 Fe^{3+} 代替传统的 Fenton 体系中的 Fe^{2+}（类 Fenton 试剂）。该试剂也可应用于有机物的降解，但在无光照条件下，该体系对有机物的降解速率远低于传统的 Fenton 试剂。在光照条件下，该体系（Fe^{3+}/H_2O_2）可以极大地加速有机物的降解速率，而且 H_2O_2 的利用效率较高。

$$Fe^{3+} + H_2O_2 \longrightarrow Fe^{2+} + H^+ + HO_2 \cdot$$

一般认为，反应过程中产生的 Fe^{3+} 与 OH^- 形成 $Fe(OH)^{2+}$ 络合离子，$Fe(\text{III})$ 在水溶液中的存在形式主要与体系的 pH 有关，其存在形式有 Fe^{3+}、$Fe(OH)^{2+}$、$Fe_2(OH)_2^{4+}$ 以及 $FeX_n^{(n-3)-}$（X 为卤离子和其他配位离子）。当体系中的 pH 为 0 时，Fe^{3+} 主要是以 $Fe(H_2O)_6^{3+}$ 对的形式存在。但是随着体系 pH 的增加，Fe^{3+} 逐渐水解进而生成羟基配位的铁离子，在各种水解的铁离子之间存在如下平衡：

$$Fe^{3+} + OH^- \rightleftharpoons Fe(OH)^{2+} \tag{6-4}$$

$$Fe(OH)^{2+} + OH^- \rightleftharpoons Fe(OH)_2^+ \tag{6-5}$$

$$Fe(OH)_2^+ + OH^- \rightleftharpoons Fe(OH)_3 \tag{6-6}$$

铁的物质的量随着体系 pH 的变化而变化，羟基化的铁离子呈现黄色并在紫外光区呈现配体—中心铁原子之间的电荷转移的吸收谱带。这些铁在紫外或者近紫外光照射下产生 Fe^{2+} 和 $\cdot OH$。

$$Fe(OH)^{2+} + h\nu \longrightarrow Fe^{2+} + \cdot OH$$

在微酸性溶液中，三价铁主要以 $Fe(OH)^{2+}$ 的形式存在。在 350nm 波长下，$Fe(OH)^{2+}$ 和 $Fe_2(OH)_2^{4+}$ 生成 Fe^{2+} 的量子产率分别为 0.017 和 0.007。紫外光照射可以将三价铁离子［以 $Fe(OH)^{2+}$ 形式存在］转化为 Fe^{2+}，进而加

速过氧化氢产生 ·OH 的速度，形成一个 Fe^{2+}/Fe^{3+} 的循环反应。同时反应 $Fe^{3+} + H_2O_2 \longrightarrow Fe^{2+} + H^+ + HO_2 \cdot$ 也产生自由基，提高了体系对有机物的降解效率。铁离子在不同波长下照射的光量子产率见表 6-1。

表 6-1　铁离子在不同波长照射下的光量子产率

Fe(Ⅲ)	λ/nm	量子产率 Φ
$Fe(H_2O)_6^{3+}$	254	0.065
$Fe(OH)_2^+$	313	0.140
$Fe(OH)_2^{4+}$	350	0.007
$Fe(OH)^{2+}$	350	0.017

6.2 杭锦凹凸棒石黏土催化剂的制备及性能评价

6.2.1　催化剂的制备方法

将杭锦凹凸棒石黏土分散于去离子水中进行洗涤、浮选，过滤后的滤饼于鼓风干燥箱中90℃烘干，将烘干的杭锦凹凸棒石黏土过200目分样筛。将得到的杭锦凹凸棒石黏土原土按固/液比1∶10（g/mL）加入一定浓度的硫酸溶液中，加热到90℃后，维持90℃搅拌3h。然后将悬浮液过滤，滤饼干燥后得到酸化杭锦凹凸棒石黏土，将干燥后的酸化杭锦凹凸棒石黏土置于马弗炉中，在不同温度下焙烧3h即得焙烧酸化杭锦凹凸棒石黏土。

取一定量的硫酸铁［Fe(Ⅲ)］溶于10mL蒸馏水中，加入1g上述所制备的酸化杭锦凹凸棒石黏土，磁力搅拌24h，过滤，将过滤后的滤饼于鼓风干燥箱中90℃烘干，于马弗炉内400℃焙烧即得负载铁的酸化杭锦凹凸棒石黏土催化剂。

6.2.2　杭锦凹凸棒石黏土光助非均相类 Fenton 反应性能评价方式

采用苯酚（20mg/L）及甲基橙（40mg/L）作为水中模拟污染物，对酸化杭锦凹凸棒石黏土在光助非均相类 Fenton 反应中的催化性能进行评价。光源为波长 450nm 的 LED 光源（20W）通过 420nm 的截止型滤光片得到的 $\lambda \geqslant$ 420nm 的可见光。

　　将 0.1g 酸化杭锦凹凸棒石黏土或焙烧酸化杭锦凹凸棒石黏土加入待降解溶液中，加入定量双氧水，开灯即为反应开始。所用光源为主波长为 420nm 的 LED 灯。每隔 5min 抽取一定体积的反应溶液，使用水系微孔滤膜（孔径为 0.22μm）滤去催化剂颗粒后，用 TU1901 型分光光度计在 464nm 及 270nm 处分别测量溶液的吸光度，降解效率计算式如下：

$$\eta = （C_0-C）/C_0 \times 100\%$$

式中：C_0——反应开始前溶液的吸光度；

　　　　C——反应任一时间后溶液的吸光度。

6.3　杭锦凹凸棒石黏土光助非均相类 Fenton 反应活性评价

6.3.1　酸化杭锦凹凸棒石黏土光助非均相类 Fenton 反应降解甲基橙

　　在第 4 章试验中，酸化杭锦凹凸棒石黏土在非均相类 Fenton 反应中能够有效地将初始浓度为 40mg/L 甲基橙溶液中的甲基橙在 40min 之内完全降解。为了考察光助对非均相类 Fenton 反应的作用，在试验中引入可见光，考察酸化杭锦凹凸棒石黏土在光助非均相类 Fenton 反应中对甲基橙的降解效果。

　　图 6-1 为酸化杭锦凹凸棒石黏土在不同条件的反应中对初始浓度 40mg/L 的甲基橙溶液的降解结果。反应开始前，反应溶液与催化剂浸渍吸附直至达到平衡。由图可知，在可见光辅助下，仅有酸化杭锦凹凸棒石黏土或仅有 H_2O_2 的体系中，甲基橙被降解的量都不大，40min 内甲基橙的最大降解率不足 20%。

在 0.1g 酸化杭锦凹凸棒石黏土和 0.2mmol H_2O_2（即 H_2O_2 和酸化杭锦凹凸棒石黏土同时存在）的体系中，没有光辅助的条件下，100mL 甲基橙（40mg/L）在 40min 内几乎完全降解；在相同的体系中引入可见光，考察光辅助 Fenton 反应的效果，溶液中的甲基橙在 10min 内几乎完全被降解。由此证明，光对酸化杭锦凹凸棒石黏土 Fenton 反应有明显的促进作用。

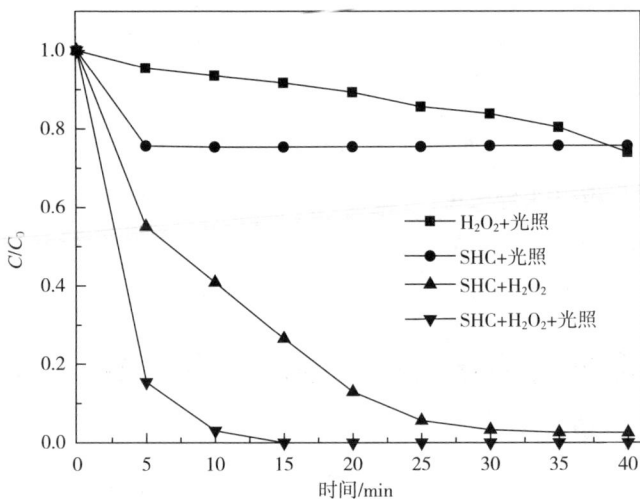

图 6-1　酸化杭锦凹凸棒石黏土在不同条件下的催化活性

6.3.2　酸化杭锦凹凸棒石黏土光助非均相类 Fenton 反应降解苯酚

图 6-2 所示为酸化杭锦凹凸棒石黏土在光助非均相类 Fenton 反应中对模拟含酚废水的苯酚溶液中苯酚的降解结果。溶液中苯酚的初始浓度为 20mg/L。在图 6-2 中，同样仅有酸化杭锦凹凸棒石黏土或仅有 H_2O_2 的体系中，光辅助降解苯酚的效果都不好，180min 内溶液中苯酚的量几乎没变。

在酸化杭锦凹凸棒石黏土和 H_2O_2 同时存在的 Fenton 体系中（5%酸溶液处理的酸化杭锦凹凸棒石黏土+0.2mmol H_2O_2），在可见光辅助下，180min 内溶液中 70%左右的苯酚被降解。试验中还考察了不同浓度硫酸溶液（1%、

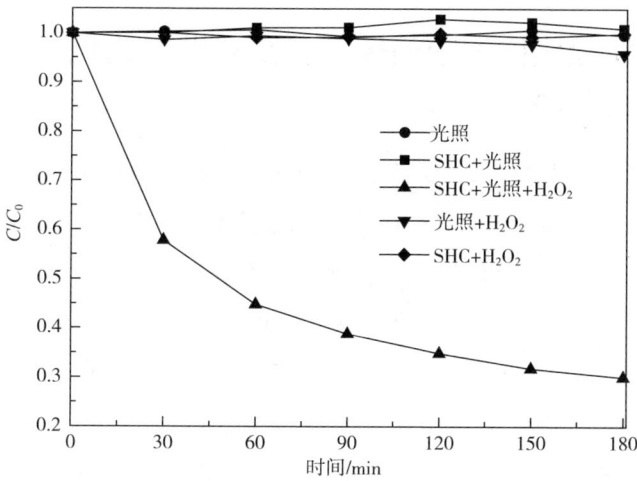

图 6-2　苯酚溶液在不同反应条件下的降解

3%、5%、10%、15%）处理得到的酸化杭锦凹凸棒石黏土在光辅助 Fenton 降解苯酚过程中的效果，结果如图 6-3 所示。由图可知，随着酸浓度的增加，酸化杭锦凹凸棒石黏土光辅助 Fenton 降解苯酚的效果逐渐增强，5%SHC 对溶液中苯酚的降解效果最好。随着酸浓度的增加，酸化杭锦凹凸棒石黏土对苯酚的降解效果逐渐减弱，直至几乎没有任何活性。

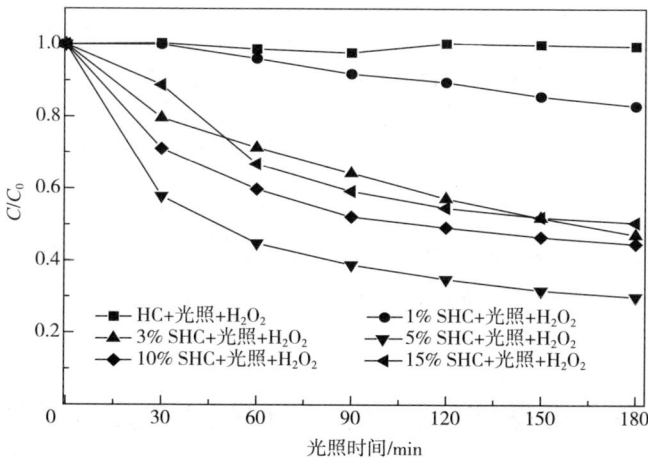

图 6-3　不同酸浓度制备的酸化杭锦凹凸棒石黏土
在光助非均相类 Fenton 反应中对苯酚的降解

6.3.3 焙烧酸化杭锦凹凸棒石黏土光助非均相类 Fenton 反应降解苯酚

　　图 6-4 为不同焙烧温度制备的 5%酸化杭锦凹凸棒石黏土（5%SHC）在光助非均相类 Fenton 反应中对 20mg/L 苯酚溶液的降解结果。由图可知，随着焙烧温度的增加，制备得到的焙烧 5%SHC 对苯酚的降解活性先升高后降低，当焙烧温度为 400℃时制备的焙烧 5%SHC 的活性最好，在 180min 内对苯酚溶液的降解率可达 63%左右，说明 400℃为最佳的焙烧温度。但与未焙烧的 5%SHC 对苯酚溶液的降解结果相比，焙烧后样品的催化活性未有明显提升，说明焙烧不会对酸化杭锦凹凸棒石黏土在光助非均相类 Fenton 反应中的活性有影响。

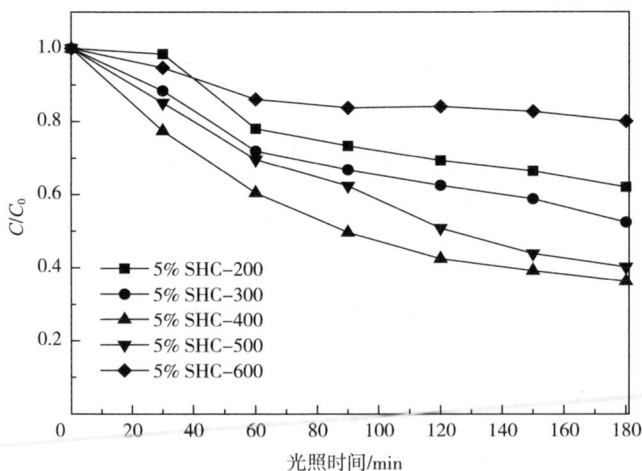

图 6-4　不同焙烧温度制备的酸化杭锦凹凸棒石黏土
在光助非均相类 Fenton 反应中对苯酚的降解

6.3.4 负载铁的酸化杭锦凹凸棒石黏土光助非均相类 Fenton 反应降解苯酚

　　图 6-5 为负载铁的酸化杭锦凹凸棒石黏土在光助非均相类 Fenton 反应中

对苯酚溶液的降解。由图可知，随着铁负载量的增加，酸化杭锦凹凸棒石黏土对苯酚溶液的降解效率逐渐降低，直至其活性完全消失。以上结果说明，铁含量的增加并不能对酸化杭锦凹凸棒石黏土的非均相类 Fenton 反应活性有明显提升。

杭锦凹凸棒石黏土中铁的存在有两种形态，一种为替代铝氧八面体结构中的铝元素的非晶态铁，另一种为以 Fe_2O_3 形式存在于杭锦凹凸棒石黏土表面的晶态铁。前已述及，酸处理过程中，Fe 离子在液相主体和固体表面间的动态传递过程使得酸化杭锦凹凸棒石黏土表面的 Fe 离子以 Fe^{2+}/Fe^{3+} 的形式存在，这种 Fe 离子的存在形式有利于 Fenton 反应。

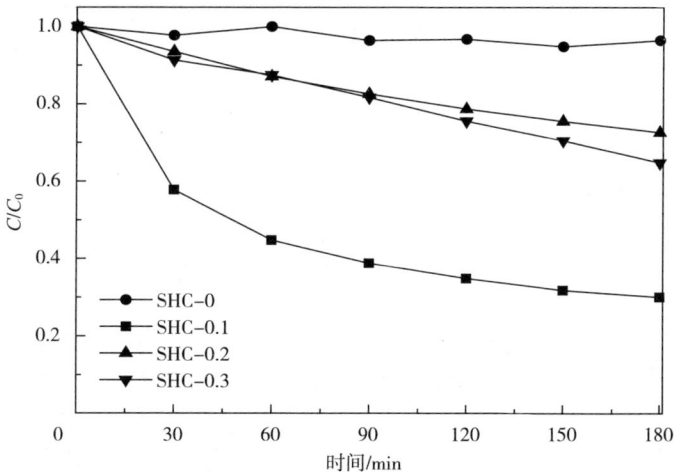

图 6-5　负载铁的酸化杭锦凹凸棒石黏土在光助
非均相类 Fenton 反应中对苯酚的降解

6.3.5　负载铁的酸化杭锦凹凸棒石黏土 XPS 分析

为了进一步确认由苯酚降解结果得到的结论，对负载铁的酸化杭锦凹凸棒石黏土进行 X 射线光电子能谱分析。图 6-6 所示为负载不同含量铁的酸化杭锦凹凸棒石黏土的 XPS 谱图。由图可知，在酸化杭锦凹凸棒石黏土中，Fe 2p 的 XPS 谱图在 713.02eV、711.32eV 及 715.47eV 处出现了三个峰，说明酸化杭锦凹凸棒石黏土中 Fe 元素的存在形式为 Fe^{2+} 和 Fe^{3+} 共存，其中 715.48eV 处为 Fe^{2+} 的特征峰。随着铁负载量的增加，酸化杭锦凹凸棒石黏土中原有的 Fe^{2+} 的特征峰（715.48eV）逐渐减弱直至消失，说明样品表面 Fe^{2+} 的含量逐渐减少，与此同时，Fe^{3+} 的特征峰（713.02eV）逐渐增强，说明样品表面 Fe^{3+} 含量显著增加。苯酚降解结果则表明，随着铁负载量的增加，苯酚的降解活性逐渐降低，这说明光助 Fenton 反应降解苯酚的过程中，起主要作用的是酸化杭锦凹凸棒石黏土表面以 Fe^{2+}/Fe^{3+} 的形式存在的 Fe 离子，而非引入的 Fe^{3+} 离子。

结合 XPS 结果表明，在酸化杭锦凹凸棒石黏土表面由硫酸铁 ［Fe（Ⅲ）］引入的铁离子以 Fe^{3+} 的形态存在，而不是以 Fe^{2+}/Fe^{3+} 的形式存在，所以，随着 Fe 负载量增加，原有的活性点被引入的 Fe^{3+} 覆盖，使铁负载酸化杭锦凹凸棒石黏土的非均相 Fenton 反应活性降低。

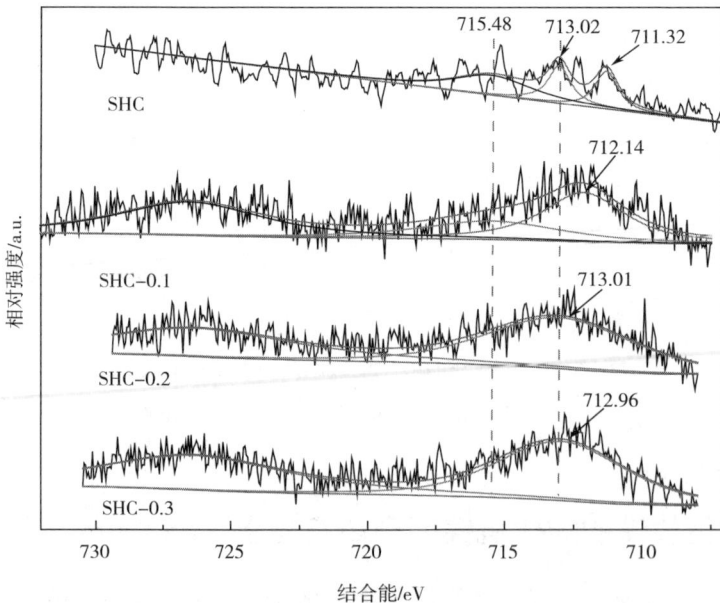

图 6-6　负载铁的酸化杭锦凹凸棒石黏土的 XPS 分析

6.4 杭锦凹凸棒石黏土光助非均相类 Fenton 反应机理推测

前已述及，酸化杭锦凹凸棒石黏土作为光催化剂使用时，其本身可视为 Fe_2O_3 复合 Si—Al 化合物的复合半导体，在可见光激发下，电子会高效地由 Fe_2O_3 迁移到与之复合的 Si—Al 化合物的导带上，从而减小光生电子和空穴的复合概率，有利于实现光生电子和空穴的有效分离，使酸化杭锦凹凸棒石黏土具有一定的光催化活性。且经硫酸处理后，酸化杭锦凹凸棒石黏土表面形成了 Lewis 酸与 Brønsted 酸。

杭锦凹凸棒石黏土作为一种多金属氧化物复合体，具有一般金属氧化物的性质。其表面固体酸中心的形成主要是源于 SO_4^{2-} 在表面配位吸附，由于 S＝O 的诱导效应，促使相应的金属离子增加得电子能力，强化了 Lewis 酸中心。Lewis 酸中心的缺电子性质有利于光生电子的表面迁移，减小光生电子与光生空穴的复合概率，从而提高酸化杭锦凹凸棒石黏土的光催化活性；酸化杭锦凹凸棒石黏土光催化活性提高的另一个原因是其本身还同时具有 Brønsted 酸中心，而 Brønsted 酸位的表面羟基可以捕获光生空穴生成具有强氧化性的羟基自由基（·OH）。所以，酸化杭锦凹凸棒石黏土表面同时具有 Lewis 酸中心和 Brønsted 酸中心，是酸化杭锦凹凸棒石黏土具有光催化活性的另一个重要原因。与此同时，酸处理使得酸化杭锦凹凸棒石黏土表面形成 Fe^{3+}/Fe^{2+} 氧化还原电对，其存在同样能够捕获光生电子，促进光生电子与光生空穴的有效分离，进而使得酸化杭锦凹凸棒石黏土具有一定的光催化活性。

由以上分析来看，在光辅助 Fenton 反应中，与酸化杭锦凹凸棒石黏土首先反应的是 H_2O_2，进而产生具有氧化性的自由基。可见光存在的首要作用是促使 H_2O_2 分解形成羟基自由基，在此基础上对 Fenton 反应起辅助作用。与此同时，光辅助能够促进酸化杭锦凹凸棒石黏土表面 Fe^{3+}/Fe^{2+} 氧化还原电对之间的循环反应。

在 Fenton 反应过程中，杭锦凹凸棒石黏土经硫酸活化后，在其表面形成 Fe^{3+} 与 Fe^{2+} 共存的状态，且硫酸使杭锦凹凸棒石黏土表面 Lewis 酸含量增加的同时又产生了 Brønsted 酸。Fe^{2+} 的形成能够促进 H_2O_2 分解产生更多的 ·OH 与 Fe^{3+}，而 Fe^{3+} 又能与 H_2O_2 反应生成 Fe^{2+}，形成 Fe^{3+} 与 Fe^{2+} 之间的循环，促使 ·OH 的生成，反应式如下：

$$Fe^{2+} + H_2O_2 \longrightarrow Fe^{3+} + \cdot OH + OH^- \qquad (6-7)$$

$$Fe^{3+} + H_2O_2 \longrightarrow Fe^{2+} + \cdot OOH + H^+ \qquad (6-8)$$

$$H_2O_2 \longrightarrow HO_2^- + H^+ \qquad (6-9)$$

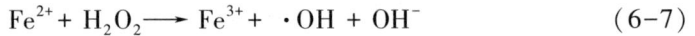

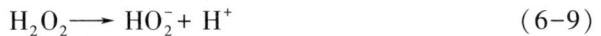

由于酸化杭锦凹凸棒石黏土表面有 Lewis 酸与 Brønsted 酸的存在，Brønsted 酸能够提供质子（H^+），当 H_2O_2 被质子包围时，其分解产生 HO_2^- 的反应会被抑制，进而提供更多的 ·OH；Lewis 酸的存在能够作为一个电子受体，促使 Fe^{2+}/Fe^{3+} 之间的循环反应，也在一定限度上提升了酸化杭锦凹凸棒石黏土的 Fenton 反应活性。Lewis 酸的存在同时能够增加催化剂表面吸附氧（O_{ad}）的含量，而 Fe^{2+} 能够被 O_{ad} 氧化为 Fe^{3+}，进一步促进 Fe^{2+}/Fe^{3+} 之间的循环，在氧化过程中，电子转移到 O_{ad} 形成 $\cdot O_2^-$，$\cdot O_2^-$ 能够与 Brønsted 酸提供的质子反应形成 ·OH，·OH 与 $\cdot O_2^-$ 均为氧化性自由基，能够氧化分解污染物，促进 Fenton 反应的活性。

基于以上分析可知，酸化杭锦凹凸棒石黏土在光辅助 Fenton 反应中具有良好性能的主要因素是 H_2O_2，可见光的存在是促进 H_2O_2 的分解，同时促进酸化杭锦凹凸棒石黏土表面上 Fe^{3+} 与 Fe^{2+} 之间的循环反应，而 Fe^{3+} 与 Fe^{2+} 之间的循环不仅能够加速 H_2O_2 的分解，也能够促使酸化杭锦凹凸棒石黏土中 Fe_2O_3 被光激发所产生的光生载流子的有效分离，进而使酸化杭锦凹凸棒石黏土产生辅助 Fenton 反应的活性。由此推断，在酸化杭锦凹凸棒石黏土、H_2O_2 存在下，可见光与 Fenton 反应之间的协同作用是光辅助 Fenton 反应对甲基橙及苯酚具有良好降解活性的重要原因。

6.5 本章小结

本章将酸化杭锦凹凸棒石黏土应用于光辅助 Fenton 反应中，通过对甲基橙及苯酚溶液的降解评价其催化活性。研究表明，酸化杭锦凹凸棒石黏土对光辅助 Fenton 反应降解甲基橙及苯酚具有良好的促进作用，在酸化杭锦凹凸棒石黏土、H_2O_2 和光辅助同时存在下，10min 内能够将 40mg/L 甲基橙溶液中的甲基橙完全降解，在 180min 内对 20mg/L 苯酚溶液中苯酚的降解率达到 70%以上。说明可见光与 Fenton 反应之间的协同作用是光辅助 Fenton 反应对甲基橙及苯酚具有良好降解活性的重要原因。此外，对负载铁的酸化杭锦凹凸棒石黏土在光辅助 Fenton 反应中对苯酚溶液的降解效率进行考察，结果表明，随着酸化杭锦凹凸棒石黏土表面铁含量的增加，酸化杭锦凹凸棒石黏土对苯酚溶液的降解效率反而下降，说明在非均相 Fenton 反应过程中酸化杭锦凹凸棒石黏土表面 Fe^{2+}/Fe^{3+} 的离子存在形式是活性增强的主要因素。

第7章

杭锦凹凸棒石黏土的发展优势与发展趋势

7.1 杭锦凹凸棒石黏土的发展优势

杭锦凹凸棒石黏土是杭锦旗优质矿产资源之一，而凹凸棒石黏土具有独特的吸附、脱色、悬浮、触变、胶体、充填、流变性、热稳定性和抗盐性等物化性能，其具备大力发展的前景，优势表现在以下几方面。

（1）市场前景广。凹凸棒石黏土具有吸附各种有机和无机污染物的功能，且原料易得，成本低，本身不产生二次污染。杭锦凹凸棒石黏土初级产品可用于土壤调理修复、植物抗旱保水、肥料增效造粒、矿山阻水填充、钻井泥浆、污染水体修复等领域；经深加工后，高端产品可用于食品药品添加、油脂脱色、精密部件铸造、环境治理等领域。

（2）矿种品位好。杭锦凹凸棒石黏土中凹凸棒石和伊利石、绿泥石所占矿物组分超56%，属高品位矿种。此外，杭锦凹凸棒石黏土与中国西北地区的凹凸棒石黏土类型基本相同，但杭锦凹凸棒石黏土具有稀土含量高、天然粒径细、矿物组分搭配合理的特点，在农业、生态领域应用时，具有独特的作用。

（3）矿山基础条件好。杭锦凹凸棒石黏土矿区矿体自然裸露，基本无植被覆盖，与生态环境矛盾小，矿层厚，开采时对地表破坏小。同时，矿区距杭锦旗巴拉贡镇较近，交通便利，运输成本较低。

（4）已有一定产业基础。以杭锦凹凸棒石黏土为主要经营产品的杭锦旗恒益建工有限责任公司，为实现杭锦凹凸棒石黏土高质化利用，近 20 多年来，先后与中科院大连化学物理研究所、中国地质科学研究院、中国农业科学院、内蒙古师范大学化学与环境科学学院、中科院兰州分院、内蒙古大学等国内众多科研院所合作，进行杭锦凹凸棒石黏土的科学研究。2001 年 11 月，中央电视台新闻联播节目曾对杭锦旗的这一优势矿产资源进行报道。2013 年，中国工程院三位院士向内蒙古自治区政府提出《关于积极推进内蒙古自治区杭锦 2 号土非金属矿生态环保新材料研发及产业化的建议》。2019 年，杭锦旗恒益建工有限责任公司在中国农业科学院土壤肥料研究所的技术指导下，投资 1500 万元在巴拉贡镇建成年产 6 万吨土壤调理剂生产线，主要产品有植物抗旱保水剂、复合肥黏结剂、矿山深层阻水填料、钻井泥浆等，2020 年产量为 3 万吨。

7.2　杭锦凹凸棒石黏土的发展趋势

杭锦凹凸棒石黏土中凹凸棒石（坡缕石）含量可达 28% 左右，而凹凸棒石黏土在石油、化工、医药、建材、塑料等行业领域具有十分广泛的应用，被称为"千种用土、万土之王"。基于此，预计杭锦凹凸棒石黏土未来可能的发展趋势如下。

7.2.1　市场发展趋势

随着新应用要求的出现，传统产业在不断引入新技术和新材料进行技术革新与产业升级，而高新技术和新材料产业中很多与非金属矿物原料和矿物材料密切相关，今后凹凸棒石黏土产品的应用不仅限于化工、机械、能源、汽车、轻工、冶金、建材等传统产业，会更多进入以信息、生物、航空航天、海洋开发、新材料和新能源为代表的高技术产业当中。

7.2.2   技术开发趋势

市场对凹凸棒石黏土的技术开发提出了更高的要求，主要表现在产品纯度、粒度及其分布特性、颗粒形状、表面和界面性质、功能性等方面。

（1）表面改性技术研究。凹凸棒石黏土表面改性可改善粒子在聚合物中的分散性质或者改进粒子对聚合物的结合性能。通过改性后的凹凸棒石，可替代炭黑、白炭黑、轻钙、木质素等填充剂，降低高分子材料的原料成本；可作为增强剂，提高高分子材料的抗张、挠曲、拉伸、抗撕裂等力学性能，并改善高分子材料的加工性能；可通过机械力分散至纳米级，在高分子材料中达到纳米级分散，对于原料是液体的高分子材料的原位复合效果更好。因此，研究和开发凹凸棒土粉末的表面处理具有十分重要的意义。

（2）吸附应用技术的提高。虽然凹凸棒石黏土对水中各类污染物质吸附性能良好，且改性后具有吸附效率高、平衡时间短、吸附剂可重复使用等优点，但改性过程使用的有机表面活性剂仍会对环境形成潜在污染，吸附剂再生和脱附污染物的处理仍是较难解决的问题。已有研究表明，同时具有催化—氧化—还原反应降解有机污染物能力的改性凹凸棒石黏土对污染物降解彻底且重复利用率较高。故凹凸棒石黏土作为吸附剂应用从以下方面开展。

①合成可利用多种方式实现对水中所有污染物的无差别处理且易于固液分离的凹凸棒石黏土，如制备既具有吸附性，又具有光催化和 Fenton 氧化能力的复合改性蒙脱土。

②制备对环境无二次污染、再生简单且重复利用率高的凹凸棒石黏土吸附剂，推进其实际应用，最终实现凹凸棒石黏土在污水处理中的高效应用。

参考文献

［1］内蒙古自治区年鉴．2002.

［2］张宇．杭锦 2# 土基本性质及其改性应用的研究［D］．北京：中国科学院大学，2013.

［3］刘正江，张前程，马惠言，等．杭锦 2# 土的光谱特征及非均相 Fenton 反应机理［J］．光谱学与光谱分析，2021，41（11）：3512-3517.

［4］萨嘎拉，照日格图，嘎日迪，等．杭锦 2# 土及其催化应用中的基础问题研究［C］．呼和浩特：第十届全国青年催化学术会议，2005.

［5］WANG L，JING S．Preparation and properties of polypropylene/org-attapulgite nanocomposites［J］．Polymer，2005，46（16）：6243-6249.

［6］李徐坚．坡缕石基新型吸附材料的制备及其对稀土离子的吸附性能研究［D］．北京：中国地质大学，2016.

［7］潘兆橹．结晶学及矿物学（下册）［M］．北京：地质出版社，1994.

［8］杨敏．绿泥石矿物近红外光谱吸收谱带的位移机理与控制机制研究［D］．西安：长安大学，2019.

［9］盛瑞瑶．方解石回收猪粪中磷效果研究及应用情景分析［D］．南京：南京信息工程大学，2021.

［10］谭洁．山地红黄壤氧化铁特性及高光谱定量模型［D］．湖南农业大学，2020.

［11］LIU Z，WANG J，MA II，ct al．A new natural layered clay mineral applicable to photocatalytic hydrogen production and/or degradation of dye pollutant［J］．Environmental Progress & Sustainable Energy，2018，37（3）：1003-1010.

［12］刘正江，杨倩，马惠言．TiO_2 敏化杭锦 2# 土的表征及光催化降解甲基橙性能研究［J］．内蒙古工业大学学报（自然科学版），2021，40（5）：

379-383.

[13] LIU Z, MA H, LIU J, et al. A low-cost clay-based heterogeneous Fenton-like catalyst: activation, efficiency enhancement, and mechanism study [J]. Asia Pacific Journal of Chemical Engineering, 2017: e2156: 1-13.

[14] 照日格图, 乌云, 宝迪巴特尔, 等. 杭锦 2#土脱色剂的制备及其对植物油脱色性能的研究 [J]. 中国油脂, 2004, 29 (8): 19-21.

[15] LI X, YING Z, XI B, et al. Decolorization of methyl orange by a new clay-supported nanoscale zero-valent iron: synergetic effect, efficiency optimization and mechanism [J]. Journal of Environmental Sciences, 2017, 52 (2): 8-17.

[16] GUO X, YAO Y, YIN G, et al. Preparation of decolorizing ceramsites for printing and dyeing wastewater with acid and base treated clay [J]. Applied Clay Science, 2008, 40 (1-4): 20-26.

[17] BOUABDESSELAM H, MEDDAH S, BOUZIDI Y, et al. Treatment of coloured textile wastewater by activated clay [J]. Asian Journal of Chemistry, 2005, 17 (4): 2291-2299.

[18] 宝迪. 杭锦 2#土处理含高氟水的初探 [J]. 内蒙古石油化工, 2004, 30: 1-2.

[19] 斯琴高娃, 袁立娟, 聂志强, 等. 一种新型污水处理剂的制备及其除铅性能研究 [J]. 内蒙古石油化工, 2004, 30 (6): 3-5.

[20] 陈丽萍, 段毅文. 聚合羟基铝改性杭锦 2#土对磷酸根的吸附性能研究 [J]. 非金属矿, 2010, 33 (1): 55-57.

[21] 郭向利, 姚亚东, 尹光福, 等. 新型印染废水脱色材料的研究 [J]. 材料工程, 2006, 增刊 (1): 113-116.

[22] 杨宏伟, 贾长宽, 乌地, 等. 敌敌畏在土壤中吸附特性的研究 [J]. 环境科学研究, 2006, 19 (2): 35-38.

[23] 杨宏伟, 郭博书, 嘎尔迪. 除草剂草甘膦在土壤中的吸附行为 [J]. 环境科学, 2004, 25 (5): 158-162.

［24］杨宏伟，乌云其木格. 快速测定水、土壤中有机磷农药含量的研究 ［J］. 内蒙古师范大学学报（自然汉文版），2003，32（4）：380-384.

［25］嘎日迪，张宇，照日格图. 一种透水砖的制造方法 ［P］. CN 101153510 A. 2008.

［26］张兰，龙飞，何洪泉，等. 黏土：高吸水复合树脂的制备和吸水性能研究 ［J］. 硅酸盐通报，2004，23（4）：51-54.

［27］赵瑞华，季民，商平. 杭锦土与膨润土的合成吸水树脂及其性能对比 ［J］. 矿物学报，2009，29（3）：313-318.

［28］萨仁其其格，萨嘎拉，贾美林，等. TiO_2/Fe-杭锦 $2^{\#}$ 土催化剂光催化降解废水中乙酸的研究 ［J］. 分子催化，2017，6：523-533.

［29］萨仁其其格，萨嘎拉，贾美林. PANI/Fe-杭锦 $2^{\#}$ 土催化剂对乙酸的光催化降解研究 ［J］. 内蒙古师范大学学报（自然科学汉文版），2019，48（5）：435-443.

［30］萨嘎拉，孟瑞全，王旭，等. 钒/改性杭锦 $2^{\#}$ 土催化苯羟基化制苯酚 ［J］. 内蒙古师大学报（自然汉文版），2016，45（3）：354-359.

［31］萨嘎拉. Yb/TiO_2/杭锦 $2^{\#}$ 土的制备及其光催化降解苯的原位红外研究 ［J］. 光谱学与光谱分析，2018，38（S1）：69-70.

［32］王旭，萨嘎拉，照日格图. $NiOx$/介孔杭锦 $2^{\#}$ 土的制备及其对苯羟基化光催化性能研究 ［J］. 分子催化，2015，3：266-274.

［33］李靖，王奖，贾美林. Ni—Al 复合氧化物/介孔杭锦 $2^{\#}$ 土负载 Au 催化剂制备及其 CO 氧化催化性能 ［J］. 分子催化，2018，32（6）：530-539.

［34］乌云，照日格图，嘎日迪等. 酸活化杭锦 $2^{\#}$ 土催化合成环几烯研究 ［C］. //第五届全国环境催化与环境材料学术会议论文集. 山东：烟台大学出版，2007：219-220.

［35］刘艳林. SO_4^{2-}/杭锦 $2^{\#}$ 土的制备、表征及其催化性能研究 ［D］. 呼和浩特：内蒙古师范大学，2008.

［36］李宏. Fenton 高级氧化技术氧化降解多环芳烃类染料废水的研究 ［D］. 重庆：重庆大学，2007.

[37] FUJISHIMA A, HONDA K. Photolysis-decomposition of water at surface of an irradiated semiconductor [J]. Nature, 1972, 238 (1): 238-245.

[38] WANG C, SHI H, ZHANG P, et al. Synthesis and characterization of kaolinite/TiO_2 nano - photocatalysts [J]. Applied Clay Science, 2011, 53 (4): 646-649.

[39] TIAN G, CHEN Y, ZHOU W, et al. 3D hierarchical flower-like TiO_2 nanostructure: morphology control and its photocatalytic property [J]. Crystengcomm, 2011, 13 (8): 2994-3000.

[40] MA X, DAI Y, GUO M, et al. Insights into the Role of Surface Distortion in Promoting the Separation and Transfer of Photogenerated Carriers in Anatase TiO_2 [J]. The Journal of Physical Chemistry C, 2013, 117 (46): 24496-24502.

[41] SANTOS L R D, MASCARENHAS A J S, SILVA L A. Preparation and evaluation of composite with a natural red clay and TiO_2 for dye discoloration assisted by visible light [J]. Applied Clay Science, 2017, 135: 603-610.

[42] ZHANG S, XU W, ZENG M, et al. Hierarchically grown CdS/$\alpha-Fe_2O_3$ heterojunction nanocomposites with enhanced visible-light-driven photocatalytic performance [J]. Dalton Transactions, 2013, 42 (37): 13417-13424.

[43] MEKATEL H, AMOKRANE S, BELLAL B, et al. Photocatalytic reduction of Cr (VI) on nanosized Fe_2O_3 supported on natural Algerian clay: Characteristics, kinetic and thermodynamic study [J]. Chemical Engineering Journal, 2012, 200-202 (16): 611-618.

[44] LIU G, NIU P, YIN L, et al. α-Sulfur crystals as a visible-light-active photocatalyst [J]. Journal of the American Chemical Society, 2012, 134 (22): 9070-9073.

[45] YOONG L S, CHONG F K, DUTTA B K. Development of copper-doped TiO_2 photocatalyst for hydrogen production under visible light [J]. Energy,

2009，34（10）：1652-1661.

［46］杨宜珺. 改性凹凸棒石络合重金属的超滤处理效果与影响机制研究［D］. 兰州：兰州交通大学，2020.

［47］郑志杰，程继贵，夏永红，等. 凹凸棒石黏土提纯的研究［J］. 硅酸盐通报，2013，32（12）：2471-2475.

［48］王成，操家顺，谢坤，等. 凹凸棒土改性及其在水处理中的应用研究进展［J］. 应用化工，2016，45（8）：1575-1578.

［49］FRINI-SRASRA N，SRASRA E. Effect of heating on palygorskite and acid treated palygorskite properties［J］. Surface Engineering & Applied Electrochemistry，2008，44（1）：43-49.

［50］LEBODA R，CHODOROWSKI S，SKUBISZEWSKA Z J，et al. Effect of the carbonaceous matter deposition on the textural and surface properties of complex carbon-mineral adsorbents prepared on the basis of palygorskite［J］. Colloids and Surfaces A：Physicochemical and Engineering Aspects，2001，178（1）：113-128.

［51］任珺，陶玲，郭永春，等. 凹凸棒石黏土的改性方法研究现状［J］. 中国非金属矿工业导刊，2012，5：28-31.

［52］JOZEFACIUK G，BOWANKO G. Effect of acid and alkali treatments on surface areas and adsorption energies of selected minerals［J］. Clays & Clay Minerals，2002，50（5）：647-656.

［53］WANG Wenbo，WANG Fangfang，KANG Yuru，et al. Enhanced adsorptive removal of methylene blue from aqueous solution by alkali-activated palygorskite［J］. Water Air & Soil Pollution，2015，226（3）：83.

［54］JIA S，YANG Z，REN K，et al. Removal of antibiotics from water in the coexistence of suspended particles and natural organic matters using amino-acid-modified-chitosan flocculants：A combined experimental and theoretical study［J］. Journal of Hazardous Materials，2016，317（5）：593-601.

［55］XI Y，FROST R L，HE H. Modification of the surfaces of Wyoming montmorillonite by the cationic surfactants alkyl trimethyl, dialkyl dimethyl, and trialkyl methyl ammonium bromides [J]. J Colloid Interface, 2007, 305 (1): 150-158.

[56] HAN H, RAFIQ M K, ZHOU T, et al. A critical review of clay – based composites with enhanced adsorption performance for metal and organic pollutants [J]. Journal of Hazardous Materials, 2019, 369 (MAY 5): 780-796.

[57] LI Y, WANG Z, XIE X, et al. Removal of Norfloxacin from aqueous solution by clay – biochar composite prepared from potato stem and natural attapulgite [J]. Colloids & Surfaces A Physicochemical & Engineering Aspects, 2017, 514: 126-136.

[58] CHEN L, CHEN X L, ZHOU C H, et al. Environmental-friendly montmorillonite-biochar composites: Facile production and tunable adsorption-release of ammonium and phosphate [J]. Journal of Cleaner Production, 2017, 156 (10): 648-659.

[59] PANDEY R K, DAGADE S P, MALASE K M, et al. Synthesis of ceria-yttria based strong Lewis acid heterogeneous catalyst: Application for chemoselective acylation and ene reaction [J]. Journal of Molecular Catalysis A: Chemical, 2006, 245 (1-2): 255-259.

[60] YE M, GONG J, LAI Y, et al. High-efficiency photo-electrocatalytic hydrogen generation enabled by palladium quantum dots-sensitized TiO_2 nanotube arrays [J]. Journal of the American Chemical Society, 2012, 134 (38): 15720-15723.

[61] KAPILASHRAMI M, ZHANG Y, LIU Y S, et al. Probing the Optical Property and Electronic Structure of TiO_2 Nanomaterials for Renewable Energy Applications [J]. Chemical Reviews, 2014, 114 (19): 9662-9707.

[62] LIU Z, LEI X, MA H, et al. Sulfated Ce-doped TiO_2 as visible light driven photocatalyst: Preparation, characterization and promotion effects of Ce do-

ping and sulfation on catalyst performance ［J］. Environmental Progress & Sustainable Energy, 2016, 36（2）: 494-504.

［63］ 刘正江, 鲍晓丽, 邢磊, 等. 无模板剂的溶胶-水热法合成具有可见光响应的氮掺杂混晶 TiO_2（锐钛矿/金红石/板钛矿）纳米棒束（英文）［J］. 稀有金属材料与工程, 2019, 48（1）: 77-84.

［64］ PARK H, CHOI W. Photoelectrochemical investigation on electron transfer mediating behaviors of polyoxometalate in UV-illuminated suspensions of TiO_2 and Pt/TiO_2 ［J］. The Journal of Physical Chemistry B, 2003, 107（16）: 3885-3890.

［65］ QIN N, LIU Y, WU W, et al. One-Dimensional CdS/TiO_2 nanofiber composites as efficient visible-light-driven photocatalysts for selective organic transformation: synthesis, characterization, and performance ［J］. Langmuir, 2015, 31（3）: 1203-1209.

［66］ 付贤智, 丁正新, 苏文悦, 等. 二氧化钛基固体超强酸的结构及其光催化氧化性能 ［J］. 催化学报, 1999, 20（3）: 321-324.

［67］ LIU Z, WANG A, ZHANG Q, et al. Visible-light-driven photocatalytic activity of kaolinite: sensitized by in-situ growth of Cu-TiO_2 ［J］. Environmental Progress & Sustainable Energy, 2020, 40（1）: 13479.

［68］ TAYADE R J, KULKARNI R G, JASRA R V. Enhanced photocatalytic activity of TiO_2-coated NaY and HY zeolites for the degradation of methylene blue in water ［J］. Industrial & Engineering Chemistry Research, 2007, 45（15）: 5231-5238.

［69］ WANG C, SHI H, ZHANG P, et al. Synthesis and characterization of kaolinite/TiO_2 nano-photocatalysts ［J］. Applied Clay Science, 2011, 53（4）: 646-649.

［70］ 陈金媛. 负载型纳米 TiO_2 复合光催化剂的合成及应用研究 ［D］. 杭州: 浙江大学, 2005.

［71］ 胡春, 王怡中. 凹凸棒负载 TiO_2 对偶氮染料和纺织废水光催化脱污

［J］. 环境科学学报，2001（1）：123-125.

［72］赵文宽，覃榆森，方佑龄，等. 水面石油污染物的光催化降解［J］. 催化学报，1999，20（3）：368-372.

［73］张应鹏，徐志刚，罗少辉. 研磨法运用于固相有机合成中的新进展［J］. 江西化工. 2008（2）：13-16.

［74］SUHAS R. PATIL, U. G. AKPAN & B. H. Hameed, Photocatalytic activity of sol-gel-derived mesoporous TiO_2 thin films for reactive orange 16 degradation［J］. Desalination and Water Treatment, 2015（53）：3604-3614.

［75］袁西强. 微晶白云母负载 Cu^{2+} 掺杂 n-TiO_2 光催化材料的制备及性能研究［D］. 成都：成都理工大学，2016.

［76］文明，郑水林，刘月，等. 蛋白土/纳米二氧化钛复合材料的制备与应用研究［J］. 非金属矿，2008，31（6）：41-42.

［77］周磊，赵文宽，方佑龄. 液相沉积法制备光催化活性 TiO_2 薄膜［J］. 应用化学，2002，19（10）：919-922.

［78］王军，刘莹，丁红燕. 溅射法制备 TiO_2 薄膜的耐腐蚀性［J］. 材料工程，2014，12：34-38.

［79］DAO T, HA T, NGUYEN T D, et al. Effectiveness of photocatalysis of Montmorillonite-supported TiO_2 and TiO_2 nanotubes for rhodaminc B degradation［J］. Chemosphere, 2021, 280：130802.

［80］王彦斌，赵红颖，赵国华，等. 基于铁化合物的异相 Fenton 催化氧化技术［J］. 化学进展，2013，25（8）：1246-1259.

［81］王娟，杨再福. Fenton 氧化在废水处理中的应用［J］. 环境科学与技术，2011，34（11）：104-108.

［82］LIN S H, LIN C M, LEU H G. Operating characteristics and kinetic studies of surfactant wastewater treatment by Fenton oxidation［J］. Water Research, 1999, 33（7）：1735-1741.

［83］LEE H, SHODA M. Removal of COD and color from livestock wastewater by the Fenton method［J］. Journal of Hazardous Materials, 2008, 153（3）：

1314-1319.

[84] 于忠臣，钟柳波，王松，等. AOPs 技术预处理腈纶废水研究进展 [J].
    当代化工，2016，45（3）：642-645.

[85] SUN S P, LEMLEY A T. $p-$Nitrophenol degradation by a heterogeneous Fen-
    ton-like reaction on nano-magnetite：Process optimization, kinetics, and
    degradation pathways [J]. Journal of Molecular Catalysis A Chemical,
    2011, 349（1）：71-79.

[86] PINTO I S X, PACHECO P H V V, COELHO J V, et al. Nanostructured
    $\delta-$FeOOH：An efficient Fenton-like catalyst for the oxidation of organics in
    water [J]. Applied Catalysis B Environmental, 2012, 119-120（120）：
    175-182.

[87] HUANG R, FANG Z, YAN X, et al. Heterogeneous sono-Fenton catalytic
    degradation of bisphenol A by Fe_3O_4, magnetic nanoparticles under neutral
    condition [J]. Chemical Engineering Journal, 2012, 197（14）：242-
    249.

[88] 吴晗. 市政反渗透浓水中污染物的去除研究 [D]. 天津：天津大学，
    2012.

[89] RAMIREZ J H, MALDONADO-HÓDAR F J, PÉREZ-CADENAS A F, et
    al. Azo-dye Orange Ⅱ degradation by heterogeneous Fenton-like reaction u-
    sing carbon-Fe catalysts [J]. Applied Catalysis B Environmental, 2007,
    75（3）：312-323.

[90] 吕来，胡春. 多相芬顿催化水处理技术与原理 [J]. 化学进展，2017，
    29（9）：19.

[91] HE J, YANG X, MEN B, et al. Heterogeneous Fenton oxidation of catechol
    and 4-chlorocatechol catalyzed by nano-Fe_3O_4：Role of the interface [J].
    Chemical Engineering Journal, 2014, 258（1）：433-441.

[92] MAGALHÃES F, PEREIRA M C, BOTREL S E C, et al. Cr-containing
    magnetites $Fe_{3-x}Cr_xO_4$：The role of Cr^{3+} and Fe^{2+} on the stability and reactivity

towards H_2O_2 reactions [J]. Applied Catalysis A General, 2007, 332 (1): 115-123.

[93] DUAN F, YANG Y, LI Y, et al. Heterogeneous Fenton-like degradation of 4-chlorophenol using iron/ordered mesoporous carbon catalyst [J]. Journal of Enviromental Sciences, 2014, 26 (5): 1171-1179.

[94] YANG S, WU P, YANG Q, et al. Regeneration of iron-montmorillonite adsorbent as an efficient heterogeneous Fenton catalytic for degradation of bisphenol A: Structure, performance and mechanism [J]. Chemical Engineering Journal, 2017, 328: 737-747.

[95] LUO M, BOWDEN D, BRIMBLECOMBE P. Catalytic property of Fe - Al pillared clay for Fenton oxidation of phenol by H_2O_2 [J]. Applied Catalysis B Environmental, 2009, 85 (3): 201-206.

[96] HE J, YANG X, MEN B, et al. Heterogeneous Fenton oxidation of catechol and 4-chlorocatechol catalyzed by nano-Fe_3O_4: Role of the interface [J]. Chemical Engineering Journal, 2014, 258 (1): 433-441.

[97] CAO S, KANG F, LI P, et al. Photoassisted hetero - Fenton degradation mechanism of Acid Blue 74 by γ-Fe_2O_3 catalyst [J]. Rsc Advances, 2015, 5 (81): 66231-66238.

[98] HE J, TAO X, MA W, et al. Heterogeneous Photo-Fenton Degradation of an Azo Dye in Aqueous H_2O_2/Iron Oxide Dispersions at Neutral pHs [J]. Chemistry Letters, 2002, 31 (1): 86-86.

[99] LIANG X, ZHONG Y, ZHU S, et al. The contribution of vanadium and titanium on improving methylene blue decolorization through heterogeneous UV-Fenton reaction catalyzed by their co-doped magnetite [J]. Journal of Hazardous Materials, 2012, 199-200 (199): 247-254.

[100] 李建旭, 韩永忠, 吴晓根, 等. Fe^{2+}/活性炭非均相 Fenton 试剂氧化法降解苯酚 [J]. 化工环保, 2011, 31 (4): 361-364.

[101] YANG M Q, ZHANG Y, ZHANG N, et al. Visible-light-driven oxidation

of primary c−h bonds over cds with dual co−catalysts graphene and TiO$_2$ [J]. Scientific Reports, 2013, 3: 3314.

[102] MICHAEL-KORDATOU I, IACOVOU M, FRONTISTIS Z, et al. Erythromycin oxidation and ERY−resistant Escherichia coli, inactivation in urban wastewater by sulfate radical−based oxidation process under UV−C irradiation [J]. Water Research, 2015, 85: 346−358.

[103] CHENG M, ZENG G, HUANG D, et al. Degradation of atrazine by a novel Fenton−like process and assessment the influence on the treated soil [J]. Journal of Hazardous Materials, 2016, 312: 184−191.

[104] GONZALEZ-OLMOS R, MARTIN M J, GEORGI A, et al. Fe−zeolites as heterogeneous catalysts in solar Fenton−like reactions at neutral pH [J]. Applied Catalysis B Environmental, 2012, 125 (3): 51−58.

[105] 魏国. 光助非均相 Fenton 体系用于活性艳红 X−3B 脱色的研究 [D]. 北京: 北京林业大学, 2004.

[106] 韩张雄, 李建军, 王旭, 等. 环保矿产的功能及其应用展望 [J]. 辽宁化工, 2018, 47 (1): 51−53.

[107] 吕国诚, 廖立兵, 饶文秀, 等. 凹凸棒石的资源及应用研究进展 [J]. 矿产保护与利用, 2019, 39 (6): 112−120.

[108] XU T, ZHU R, ZHU J, et al. BiVO$_4$/Fe/Mt composite for visible−light−driven degradation of acid red 18 [J]. Applied Clay Science, 2016, 129 (8): 27−34.

[109] 刘正江, 郭沙沙, 张云婷, 等. 复合改性蒙脱土在污水处理中的应用研究进展 [J]. 精细化工, 2022, 39 (5): 873−881.